Marta Kwiatkowska

Wykorzystanie inaktywowanych bakterii S. aureus

Marta Kwiatkowska

Wykorzystanie inaktywowanych bakterii S. aureus

jako potencjalnych nośników leków antynowotworowych

Wydawnictwo Bezkresy Wiedzy

Impressum / Imprint
Bibliografische Information der Deutschen Nationalbibliothek: Die Deutsche Nationalbibliothek verzeichnet diese Publikation in der Deutschen Nationalbibliografie; detaillierte bibliografische Daten sind im Internet über http://dnb.d-nb.de abrufbar.

Informacja bibliograficzna Niemieckiej Biblioteki Narodowej: Niemiecka Biblioteka Narodowa rejestruje tę publikację w Niemieckiej Bibliografii Narodowej; szczegółowe informacje bibliograficzne dostępne są w Internecie na stronie http://dnb.d-nb.de.

Coverbild / Okładka: www.ingimage.com

Verlag / Wydawnictwo:
Wydawnictwo Bezkresy Wiedzy
ist ein Imprint der / jest znakiem handlowym
OmniScriptum GmbH & Co. KG
Bahnhofstraße 28, 66111 Saarbrücken, Deutschland / Niemcy
Email: info@omniscriptum.com

Herstellung: siehe letzte Seite /
Druk: patrz ostatnia strona
ISBN: 978-3-639-89137-9

Spis treści:

Wykaz stosowanych skrótów i oznaczeń:

AuNPs	(ang. Gold NanoParticles) – nanocząstki złota
Dox	(ang. Doxorubicine) – doksorubicyna
HA	(ang. Hyaluronic Acid) – kwas hialuronowy
SEM	(ang. Scanning Electron Microscopy) – skaningowa mikroskopia elektronowa
TEM	(ang. Transmission Electron Microscopy) – transmisyjna mikroskopia elektronowa
EDS	(ang. Energy-Dispersive X-ray spectroscopy) – mikroanaliza rentgenowska
TGA	(ang. Thermal Gravimetric Analysis) – analiza termograwimetryczna
CT	(ang. Computed Tomography) – tomografia komputerowa
USG	ultrasonografia
RTG	zdjęcie rentgenowskie
PET	(ang. Positron Emission Tomography) – pozytonowa tomografia emisyjna
SPECT	(ang. Single-Photon Emission Computed Tomography) – tomografia emisyjna pojedynczych fotonów
EPR	(ang. Enhanced Permeability and Retention effect) – efekt zwiększonej przepuszczalności i retencji
A549	symbol lini komórkowej nowotworu płuc
HEPA	(ang. High Efficiency Particulate Air filter) – wysokosprawny filtr powietrza służący do dezynfekcji powietrza
S. aureus	bakteria *Staphylococcus aureus*
S.a-AuNPs(met.X)	biokapsułka *Staphylococcus aureus* znakowana nanocząstkami złota zgodnie z metodą X

S.a-AuNPs(met.X)-HA	biokapsułka Staphylococcus aureus znakowana nanocząstkami złota zgodnie z metodą X i przyłączonym kwasem hialuronowym
S.a-AuNPs(met.X)-HA-Dox	biokapsułka S. aureus znakowana nanocząstkami złota zgodnie z metodą X, dołączonym kwasem hialuronowym i wypełniona doksorubicyną
CD44	symbol białka błonowego wiążącego kwas hialuronowy
DNA	kwas deoksyrybonukleinowy
FBS	(ang. Featel Bovie Serum) – płodowa surowica bydlęca
DMSO	dimetylosulfotlenek
DMEM	(ang. Dulbecco's modified eagle medium) – rodzaj medium hodowlaneg
PBS	(ang. Phosphate Buffered Saline) – zbuforowany roztwór soli fizjologicznej
MTT	(ang. 3-(4,5-diMethylThiazol-2-yl)-2,5-diphenylTetrazolium bromide) – sól tetrazolowa, symbol testu określającego żywotność komórek
LDH	(ang. Lactate Dehydrogenase) - dehydrogenaza mleczanowa, rodzaj testu określającego umieralność komórek
EDTA	(ang. EthyleneDiamineTetraacetic Acid) – kwas etylenodiaminotetraoctowy

1. Wstęp

Jedną z chorób, które stanowią poważny problem zdrowotny i społeczny są nowotwory złośliwe. Szacuje się, że 13 % wszystkich zgonów na świecie spowodowane jest chorobami nowotworowymi. Według danych statystycznych dostępnych na stronie internetowej Europejskiego Urzędu Statystycznego są one zaraz po chorobach układu krążenia najczęstszą przyczyną zgonów w Polsce.[1] Liczba zachorowań na nowotwory złośliwe w Polsce w ciągu ostatnich trzydziestu lat wrosła ponad dwukrotnie. W 2010 roku odnotowano ponad 140,5 tysiąca zachorowań, z czego około 70 tysięcy u mężczyzn i 70,5 tysięcy u kobiet.[2] Światowa Organizacja Zdrowia przewiduje, że w ciągu następnych dwóch dekad zachorowalność na nowotwory wzrośnie o 70 %.[3] Dostępne obecnie metody leczenia nie przynoszą zadowalających efektów – w szczególności w przypadku późnej diagnozy, kiedy nie jest już możliwe leczenie miejscowe. Farmaceutyki stosowane w leczeniu systemowym powodują szereg skutków ubocznych. Dlatego niezbędne są dalsze badania nad nowotworami i metodami ich leczenia. Postęp jaki się dokonał w dziedzinie nanotechnologii pozwolił na rozwój nowych metod diagnozowania i leczenia wielu chorób. Nanomateriały ze względu na swój mały rozmiar posiadają unikalne właściwości różniące się od równoważnych materiałów w większej skali. Pozwala to na rozwój nowych metod wykrywania, obrazowania i leczenia nowotworów. Opracowywane nowe terapie antynowotworowe polegają na projektowaniu nanonośników leków. Potencjalnie mogą one pozwolić na poprawę wskaźnika terapeutycznego obecnie stosowanych leków poprzez zwiększenie skuteczności leku, zmniejszenie jego toksyczności i osiągnięcie stałego poziomu leku przez dłuższy okres czasu. Ponadto nanonośniki mogą ułatwić rozwój wielofunkcyjnych systemów kierunkowego dostarczania leków, jednoczesnych zastosowań terapeutycznych i diagnostycznych oraz terapii kombinowanych.[4]

Opisany wyżej stan rzeczy oraz możliwości oferowane przez nanotechnologię spowodowały, że celem pracy stało się zaprojektowanie nośnika leku antynowotworowego, którego zadaniem byłoby dostarczenie leku selektywnie do chorej tkanki oraz wspomaganie obrazowania zmian nowotworu za pomocą tomografii komputerowej (ang. *CT*). Pozwoliłoby to na jednoczesne leczenie nowotworu oraz kontrolę efektywności terapii. W ramach badań opracowano metodę otrzymywania mikrokapsułkek składających się z martwych bakterii *Staphylococcus aureus* modyfikowanych nanocząstkami złota i tiolową pochodną kwasu hialuronowego.

2. Część literaturowa

Poniższy fragment pracy w pierwszej kolejności zawiera najważniejsze informacje dotyczące choroby nowotworowej z wyszczególnieniem metod obrazowania i leczenia nowotworów. Następnie przybliżone zostaną biotechnologiczne systemy dostarczania leków. Końcowe podrozdziały obejmują charakterystykę poszczególnych komponentów jakie zawierały badane nośniki leków.

2.1. Nowotwory

Nowotwory to grupa chorób, których wspólną cechą jest nieprawidłowe i niekontrolowane namnażanie się nieprawidłowych komórek organizmu. Zdrowe komórki ustroju charakteryzuje pewna równowaga pomiędzy powstawaniem komórek, ich różnicowaniem i umieralnością. W przypadku nowotworów równowaga ta jest zachwiana i obserwuje się przewagę proliferacji nad obumieraniem komórek z jednoczesnym zahamowaniem ich różnicowania. Nowotwory można podzielić na dwie grupy: nowotwory łagodne i złośliwe. Nowotwory łagodne charakteryzują się wolnym tempem wzrostu i otorbieniem guza. Rozpychają i uciskają one pobliskie tkanki, ale nie powodują przerzutów. Ich usunięcie i leczenie jest łatwiejsze niż w przypadku nowotworów złośliwych, które nie są otorbione i naciekają na okoliczne zdrowe tkanki niszcząc je. Ponadto nowotwory złośliwe cechuje szybszy rozrost i możliwość rozprzestrzeniania się przez krew i limfę do innych części organizmu.[5-7] Powstawanie nowotworu zwane inaczej karcynogenezą składa się z trzech etapów: inicjacji, promocji i progresji. Faza inicjacji polega na jednostkowym zaburzeniu materiału genetycznego pojedynczej komórki. Mutacja może być wrodzona, pojawić się losowo lub przez oddziaływanie DNA komórki z czynnikiem rakotwórczym. Komórki mają wiele mechanizmów naprawy uszkodzonego DNA. Jeśli nie jest możliwa naprawa DNA w prawidłowej komórce dochodzi do zaprogramowanej śmierci, czyli apoptozy. Dopiero niezadziałanie wszystkich tych mechanizmów z jednoczesnym uszkodzeniem DNA w miejscu lokalizacji genów regulujących cykl życiowy komórki może spowodować przekształcenie komórki w komórkę nowotworową. Etap promocji rozpoczyna się od pojedynczej nieprawidłowej komórki, która ulega podziałowi. Komórki potomne ulegają kolejnym podziałom, podczas których postępuje proces uszkodzenia genomu kolejnych namnażających się komórek. Pozwala im to na zdobycie umiejętności potrzebnych do przekształcenia w inwazyjne komórki nowotworowe, takich jak na przykład unikanie apoptozy. Pojawiająca się finalnie faza progresji charakteryzuje się nieodwracalnym wzrostem komórek nowotworowych oraz nabyciem zdolności naciekania na przylegające do guza tkanki organizmu.[8-10] Rozwój nowotworu skutkuje wzrostem zapotrzebowania na substancje odżywcze oraz tlen. Jednocześnie powstaje coraz więcej produktów przemiany materii, które muszą zostać usunięte z komórek nowotworowych. Zaczynają więc one wydzielać substancje stymulujące rozrost naczyń krwionośnych wewnątrz guza. Powstająca sieć naczyń krwionośnych różni się od tej znajdującej się w zdrowych tkankach. Chaotyczna angiogeneza nowotworowa skutkuje bardzo często gęstą lecz nieszczelną siecią naczyń krwionośnych mających szczeliny między komórkami śródbłonka o wielkości znajdującej się w przedziale od około 100 do 800 nm. W prawidłowych tkankach są to wielkości od około 2 do 6 nm. Kolejną cechą tkanki nowotworowej ważną ze względu na tematykę tej pracy jest brak efektywnego drenażu limfatycznego. Wynika on z przebiegu procesu analogicznego do angiogenezy – limfangiogenezy, polegającej na tworzeniu nowych naczyń chłonnych z już istniejących. W przypadku nowotworów oba te procesy przebiegają nieprawidłowo. Powstałe naczynia krwionośne i limfatyczne mają strukturę inną niż te znajdujące się w zdrowych tkankach.[11,12]

2.1.1. Nowotwór płuc

Nowotwór płuc jest drugim najczęściej występującym rodzajem nowotworu, co stanowi około 13 % wszystkich zdiagnozowanych obecnie nowotworów. Spośród wszystkich rodzajów nowotworów to rak płuc odpowiada za największą liczbę zgonów na świecie.[13, 14] W Polsce według Krajowego Rejestru Nowotworów tylko w 2013 roku odnotowano ponad 21 tysięcy zachorowań, z czego u mężczyzn ponad 14 tysięciy, natomiast u kobiet prawie 7 tysięcy.[15] Z danych wynika, że ryzyko zachorowania na nowotwór płuc u mężczyzn jest ponad dwa razy większe niż u kobiet. Istnieją dwa główne typy nowotworów płuc: drobnokomórkowe oraz niedrobnokomórkowe. Niedrobnokomórkowy rak płuca stanowi około 85 % nowotworów płuc. Większość zachorowań na nowotwory płuc występuje między 55. a 70. rokiem życia Oba typy charakteryzują się wysoką liczbą zgonów. Wynika to głównie z trudności we wczesnym wykryciu nowotworu. Płuca są duże więc nowotwór może rozwijać się niezauważalnie przez długi czas. Nawet pojawienie się objawów takich jak kaszel czy zmęczenie nie zawsze kończy się wykryciem raka, ponieważ ludzie myślą, że spowodowane są one innymi przyczynami i nie udają się do lekarza w celu diagnozy. Najważniejszym czynnikiem ryzyka jest palenie tytoniu – jest przyczyną około 80 % zachorowań. Nikotyna wpływa na rozwój nowotworu przez oddziaływanie z receptorem nikotynowym. Aktywuje w ten sposób szlak metaboliczny kinazy białkowej Akt, która uczestniczy w procesie angiogenezy i zwiększa przeżywalność nieprawidłowych komórek. Fakt ogromnego wpływu nikotyny na rozwój nowotworu można powiązać z dużo większą zachorowalnością na raka płuc u mężczyzn niż u kobiet.[16,17]

2.1.2. Metody obrazowania

Obrazowanie medyczne jest to przedstawianie w formie obrazów zmian fizjologicznych i patologicznych zachodzących w żywym organizmie. Staje się ono coraz ważniejszym elementem praktyki lekarskiej z uwagi na mnogość zastosowań. W onkologii odgrywa ono istotną rolę ze względu na wykorzystanie do:

- Badań przesiewowych
- Diagnostyki
- Określenia stopnia zaawansowania nowotworu
- Doboru odpowiedniej metody leczenia
- Wsparcia leczenia (planowanie radioterapii, zabiegu chirurgicznego)
- Oceny efektywności podjętego leczenia
- Monitorowania nawrotów choroby nowotworowej.[18]

Podstawowymi metodami stosowanymi w obrazowaniu onkologicznym są ultrasonografia (USG), zdjęcia rentgenowskie (RTG), tomografia komputerowa (ang. *computed tomography*, CT), rezonans magnetyczny (ang. *magnetic resonance imaging*, MRI) oraz dwie techniki należące do dziedziny medycyny nuklearnej: pozytonowa tomografia emisyjna (ang. *positron emission tomography*, PET) i tomografia emisyjna pojedynczych fotonów (ang. *single-photon emission computed tomography*, SPECT). USG jest to badanie wykorzystujące zjawisko odbicia i załamania fal ultradźwiękowych na granicy dwóch ośrodków. Jest ono szeroko stosowane w onkologii ze względu na największą dostępność i najniższy koszt badań. Kolejnymi rozpowszechnionymi metodami obrazowania są prześwietlenia RTG oraz skany CT. W obu metodach wykorzystywana jest absorpcja promieniowania rentgenowskiego przez tkanki organizmu. Prześwietlenia RTG to zdjęcia dwuwymiarowe na światłoczułej kliszy, natomiast skany CT to przetworzone komputerowo obrazy dwu- i trójwymiarowe o wysokiej rozdzielczości. CT jest obecnie metodą ogólnie dostępną i charakteryzuje się dużą skutecznością w diagnostyce nowotworów w niemal każdym umiejscowieniu. Obrazowanie metodą rezonansu magnetycznego opiera się na zjawisku jądrowego rezonansu magnetycznego, czyli oddziaływaniu jąder atomowych o niezerowym spinie znajdujących się w jednorodnym polu magnetycznym z promieniowaniem elektromagnetycznym z zakresu fal radiowych. Na podstawie różnych czasów relaksacji jąder wodoru znajdujących się w poszczególnych tkankach organizmu (głównie w cząsteczkach wody) tworzone są komputerowo szczegółowe skany dwu- i trójwymiarowe. MRI jest metodą bezpieczną dla pacjenta, gdyż nie wykorzystuje się w niej promieniowania jonizującego, jednak jest ona o wiele droższa niż CT, a co za tym idzie mniej dostępna i rzadziej wykorzystywana.[19] Ostatnie wspomniane techniki, PET oraz SPECT, w odróżnieniu od wcześniej opisanych metod nie przedstawiają anatomii organizmu, ale zapewniają trójwymiarową funkcjonalną informację o biodystrybucji specjalnie zaprojektowanych cząsteczek znakowanych izotopami promieniotwórczymi.[20 - 23] Obie metody pozwalają na obrazowanie molekularne ze względu na możliwość lokalizacji receptorów cząsteczkowych, badanie markerów biologicznych wielu chorób oraz określenie umiejscowienia i zakresu poszczególnych procesów chorobowych. Tworzenie obrazów odbywa się przez pomiar polegający na detekcji promieniowania gamma emitowanego przez cząsteczki znakowane izotopem promieniotwórczym, które wcześniej zostały wprowadzone do organizmu. Technika SPECT polega na pomiarze fotonów bezpośrednio emitowanych przez jądro promieniotwórcze, natomiast metoda PET bazuje na detekcji pary fotonów poruszających się w przeciwnych kierunkach, które powstały podczas anihilacji pozytonu wyemitowanego przez podany pacjentowi radioizotop. W medycynie pojawiły się również systemy kombinowane służące do jednoczesnego rejestrowania informacji o anatomii i funkcjonowaniu organizmu. Przykładami takich układów są aparaty hybrydowe SPECT-CT oraz PET-CT.[19,24]

2.1.3. Metody leczenia nowotworów

Obecna koncepcja leczenia nowotworów bazuje na założeniu, że całkowite wyleczenie następuje w momencie usunięcia z organizmu wszystkich komórek nowotworowych. W ogólności sposoby leczenia nowotworów można podzielić na miejscowe i systemowe. Do metod miejscowych zaliczamy leczenie chirurgiczne oraz radioterapię, natomiast najczęściej stosowanymi metodami systemowymi są chemioterapia, immunoterapia oraz hormonoterapia.[18] Strategie leczenia nowotworów są różnorodne i zależą od wielu czynników. Leczenie radykalne stawia sobie za cel całkowite wyleczenie nowotworu. Jest ono możliwe głównie w przypadku miejscowych nowotworów we wczesnej fazie rozwoju. Stosowanymi metodami są głównie chirurgia i radioterapia. W niektórych przypadkach stosuje się także chemioterapię, na przykład w celu wyeliminowania potencjalnie pozostałych w ustroju komórek nowotworowych po chirurgicznym usunięciu guza. Kolejną strategią jest leczenie paliatywne. Wykorzystuje się ją w przypadku bardzo złośliwych lub zaawansowanych klinicznie nowotworów. Zastosowanie leczenia paliatywnego daje szansę na przejściowe zahamowanie nowotworu i przedłużenie życia pacjenta. Do metod leczenia paliatywnego należą chirurgia, radioterapia, chemioterapia, hormonoterapia oraz immunoterapia. Ostatnią możliwą taktyką jest leczenie objawowe, które nie wpływa na rozwój choroby. Ma ono służyć jedynie łagodzeniu objawów choroby, na przykład przez podawanie środków przeciwbólowych.[25]

Istotną metodą leczenia nowotworów ze względu na tematykę pracy jest chemioterapia. Jest ona leczeniem systemowym, co oznacza, że podane leki działają na cały organizm pacjenta. Dzięki temu leki cytostatyczne stosowane w chemioterapii są w stanie niszczyć zarówno rozsiane nowotwory jak i mikroprzerzuty nowotworów miejscowych. Wszystkie cytostatyki działają poprzez uszkadzanie szybko dzielących się komórek ustroju, niestety do tych zaliczamy nie tylko komórki nowotworowe, ale także komórki prawidłowe. Właśnie ogólna toksyczność chemioterapii jest jedną z głównych przyczyn ograniczających jej stosowanie. Pacjenci w trakcie terapii doświadczają wielu skutków ubocznych charakterystycznych dla większości cytostatyków. Są to: łysienie, nudności i wymioty, supresja szpiku kostnego skutkująca najczęściej leukopenią i granulopenią oraz toksyczność gonadalna. Ponadto występują także pewne niepożądane efekty specyficzne dla konkretnych cytostatyków. Z wyżej wymienionych przyczyn dopuszczalna dawka leku może być niewystarczająca do zabicia nowotworu. Jedną z prób rozwiązania tego problemu jest podawanie jednocześnie kilku cytostatyków, co pozwala na zredukowanie efektów ubocznych charakterystycznych dla różnych leków. Jednocześnie w ten sposób można osiągnąć większą śmiertelność komórek nowotworowych, ponieważ poszczególne leki działają w różnych momentach cyklu komórkowego.[18,25] Kolejnym problemem obniżającym skuteczność chemioterapii jest lekooporność. Wiele nowotworów zawiera geny zaangażowane w chemiooporność, które uzyskały w toku ewolucji. Część nowotworów może ją także nabyć w trakcie późniejszych mutacji. Dodatkowo populacja komórek nowotworowych może stać się oporna nie tylko na początkowo stosowany farmaceutyk, ale także może nabyć oporność krzyżową na inne leki o różnych mechanizmach działania.[26-29]

2.2. Doksorubicyna

Jednym z leków powszechnie stosowanych w chemioterapii wielu rodzajów nowotworów jest doksorubicyna (zwana także czasami adriamycyną). Wyizolowano ją z hodowli bakterii glebowych - *Streptomyces peuceticus var. caesius*. Jest ona antybiotykiem z grupy antracyklin, czyli wielofunkcyjnych pochodnych antrachinonu.[30] Na Rysunku 1. został przedstawiony wzór chemiczny doksorubicyny. Obecne w strukturze pierścienie aromatyczne odpowiedzialne są za jej barwę oraz właściwości fluorescencyjne.

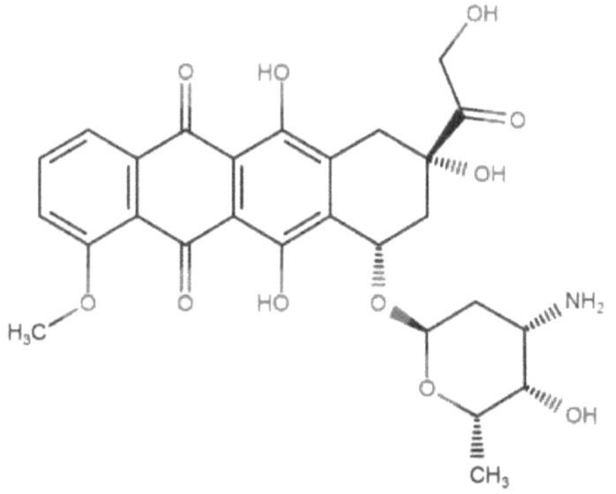

Rysunek 1. Wzór strukturalny doksorubicyny.[31]

Jako lek antynowotworowy wykazuje ona działanie cytotoksyczne, czyli powoduje uszkodzenie, a w konsekwencji śmierć komórek znajdujących się w dowolnych fazach cyklu komórkowego. Jak dotąd zaproponowano kilka mechanizmów działania doksorubicyny, z których niektóre, takie jak inhibicja syntezy DNA i RNA obserwuje się tylko w dawkach większych od dawek klinicznych.[32] Natomiast potwierdzonymi wieloma badaniami mechanizmami obserwowanymi w dawkach klinicznych są: zatrucie topoizomerazy II, powstawanie adduktów DNA, stres oksydacyjny oraz nadprodukcja ceramidu.[33] Topoizomeraza II jest to enzym modyfikujący strukturę przestrzenną, a dokładniej stopień skręcenia DNA w sposób umożliwiający zajście wielu procesów przebiegających w jądrze komórkowym, na przykład replikacji czy transkrypcji DNA. Jej działanie polega na przecięciu obu nici DNA w przeciwległych miejscach, przemieszczenie obu nici względem siebie, a następnie ponowne ich połączenie. Doksorubicyna zaburza prawidłowy przebieg tego procesu poprzez kowalencyjne wiązanie się do komleksu topoizomeraza II – DNA. Powstały układ doksorubicyna – topoizomeraza II – DNA ma wysoką stabilność i hamuje ponowane połączenie wcześniej przeciętych przez enzym nici DNA. Prowadzi to do śmierci komórki.[34] Jednakże istnieją także badania przeprowadzone na mysim chłoniaku pokazujące brak korelacji między poziomem topoizomerazy II i efektywnością leczenia doksorubicyną.[35] Sugerują one, że zatrucie izomerazy II przez doksorubicynę nie jest jedynym mechanizmem jej cytotoksycznego działania. Potwierdza to istnienie innych leków z grupy antracyklin, nie oddziaływujących z izomerazą II, a również powodujących śmierć komórek nowotworowych.[36] Kolejnym uznanym mechanizmem działania doksorubicyny jest tworzenie jej adduktów z DNA. Interkaluje ona pomiędzy sąsiednimi parami zasad guanina – cytozyna. Prawdopodobną przyczyną jest powstawanie specyficznego wiązania wodorowego pomiędzy guaniną i doksorubicną.[37] Dodatkowo oddziaływanie pomiędzy nimi jest stabilizowane przez cząsteczki formaldehydu powstałego w reakcjach wolnorodnikowych zachodzących wewnątrz komórki.[38] Interkalacja DNA przez doksorubicynę prowadzi do zahamowania syntezy makrocząsteczek, a w konsekwencji do śmierci komórek nowotworowych. Jednak i w tym przypadku nie można stwierdzić, że jest to główna przyczyna cytotoksycznego działania doksorubicyny, ponieważ tylko mała część podanej doksorubicyny tworzy omówione addukty z DNA.[39] Stres oksydacyjny indukowany doksorubicyną spowodowany jest utlenienieniem jej cząsteczek za pomocą oksydoreduktaz do rodników semichinonowych.[40] Reagują one następnie z tlenem tworząc ponadtleneki i nadtleneki wodoru. Co więcej, kompleks doksorubicyny z żelazem znajdującym się w komórkach katalizuje reakcję przekształcenia nadtlenku wodoru do wysoce reaktywnych rodników hydroksylowych.[41] W konsekwencji tych reakcji powstaje w komórce stres oksydacyjny, skutkujący uszkodzeniem DNA i śmiercią komórki.[42] W komórkach poddanych działaniu doksorubicyny zaobserwowano również podwyższony poziom ceramidów.[43] Wiele leków antynowotworowych, w tym także doksorubicyna, mogą wpływać na syntezę ceramidów, które pośredniczą w szlakach sygnałowych komórki prowadzących do zatrzymania cyklu komórkowego, zahamowania różnicowania się komórek i apoptozy.[44] Z powyższych informacji wynika, że mechanizm działania doksorubicyny jest złożony oraz nie do końca znany. Wywołuje ona szereg zmian w komórce nowotworowej, które sumarycznie powodują jej śmierć. Niestety doksorubicyna wykazuje stosunkowo niską selektywność w stosunku do komórek nowotworowych, co powoduje, że jej stosowanie wywołuje wiele nieporządanych dla pacjenta efektów. Oprócz omówionych w poprzednim rozdziale typowych dla cytostatyków skutków ubocznych doksorubicyna charakteruzuje się także wysoką kardiotoksycznością.[45] Dlatego w leczeniu nowotworu ważne jest ustalenie odpowiedniej dawki leku, która pozwala na osiągnięcie maksymalnego efektu terapeutycznego przy możliwie małym narażeniu na efekty uboczne. W celu zmniejszenia toksycznego efektu doksorubicyny dla zdrowych tkanek organizmu od lat naukowcy pracują nad nośnikiem doksorubicyny, który zwiększyłby jej selektywne dostarczanie do komórek nowotworowych.

2.3. Nanonośniki leków

Postęp jaki się dokonał w dziedzinie nanotechnologii pozwolił na rozwój nowych metod diagnozowania i leczenia wielu chorób. Różnego rodzaju nano i mikrocząstki posiadają pewne wyjątkowe właściwości, dzięki którym znajdują zastosowanie jako systemy dostarczania leków czy środki służące poprawie jakości obrazu w różnych technikach obrazowania medycznego. Obecnie znanych jest wiele nanostruktur pozwalających na przenoszenie leków. Zaliczają się do nich między innymi nanocząstki, liposomy, hydrożele, nanokryształy, dendrymery, nanosfery czy nanokapsułki. Projektowanym nośnikom leków stawia się szereg wymagań. Przede wszystknim powinny być nietoksyczne i zdolne do przyłączenia leku lub jego enkapsulacji. Ponadto nie powinny być wykrywane i usuwane z organizmu przez układ odpornościowy, więc powinna je charakteryzować duża nieimmunogenność. Kolejną ich istotną cechą jest biodegradowalność, ponieważ po uwolnieniu leku nośnik musi ulec całkowitemu rozkładowi do substancji łatwo usuwalnych z organizmu. Co więcej przy ich wyjątkowo małym rozmiarze powinny być w stanie przenosić stosunkowo dużą ilość leku. Ostatnim istotnym kryterium jakie powinny spełniać jest wydłużony czas cyrkulacji w organizmie oraz preferencyjne akumulowanie się w patologicznych komórkach organizmu.[46] W nowych systemach celowanego dostarczania leków przeciwnowotworowych wykorzystuje się efekt zwiększonej przepuszczalności naczyniowej i retencji (ang. *enhanced permeability and retention effect*). Wynika on z omówionej w rozdziale 2.1. niewłaściwej morfologii naczyń krwionośnych i limfatycznych powstałych w trakcie rozwoju guza. Takie patologiczne naczynia krwionośne są przepuszczalne dla cząstek o minimalnej wielkości 40 kDa. Dzięki temu cząsteczki dostają się do guza i następnie są zatrzymywane w komórkach nowotworowych na skutek ograniczonego drenażu limfatycznego.[47,48] Efekt EPR pozwala na pasywne kierowanie do miejsc zmienionych nowotworowo na podstawie wielkości porów nieszczelnego układu krwionośnego. W większości nowotworów ludzkich wynoszą one od 200 do 600 nm.[49] W celu dodatkowego zwiększenia kumulacji substancji czynnej w tkance nowotworowej do nośnika dołącza się ligandy mające zdolnośc do specyficznego rozpoznawania i przyłączania się do miejsca docelowego. Aktywne dostarczanie leków wykorzystuje specyficzne oddziaływania par ligand-receptor czy przeciwciało-antygen.[50] Co więcej do nośników można także przyłączyć ugrupowania diagnostyczne czy środki obrazujące. Wszytskie możliwości jakie oferuje biotechnologia w medycynie mogą pozwolić na zwiększenie efektywności działania leku przy jednoczesnym zmniejszeniu skutków ubocznych z uwagi na polepszenie dystrybucji leku w organizmie. Dzięki nowym układom w skali nano lub mikro staje się potencjalnie możliwe stosowanie leków antynowotworowych o dużej toksyczności lub podawanie ich w większych dawkach. Ponadto pojawia się możliwość zastosowania leków antynowotworowych nierozpuszczalnych w wodzie, co wcześniej nie było możliwe.[51] W pracy postanowiono zastosować martwe bakterie *Staphylococcus aureus* jako podstawową jednostkę pozwalającą na przenoszenie leku. Wykorzystywanie naturalnych właściwości zasobów biologicznych staje się coraz bardziej popularne w nanomedycynie. Przykładem może być układ składający się ze szczepu MC-01 bakterii *Magnetococcus Marinus* transporujących nanoliposomy z lekiem antynowotworowym. Cechami wspomnianych bakterii, które zadecydowały o ich zastosowaniu jest ich zdolność do wyczuwania pola magnetycznego, kierowanie się w rejony charakteryzujące się niską zawartością tlenu oraz możliwość przemieszczania się za pomocą wici. Dzięki temu zastosowany lek można kierować polem magnetycznym do miejsca zmienionego nowotworowo, a bakterie preferencyjnie wybierają komórki nowotworowe o niskiej zawartości tlenu. Komórki te najczęściej wykazują oporność na działanie leku w klasycznej chemioterapii. Dodatkowo badanie in-vivo przeprowadzone na myszach pokazało, że omawiane bakterie giną po około 30 minutach po podaniu więc prawdopodobne jest, że nie będą niebezpieczne dla zdrowia pacjenta.[52]

2.4. *Staphylococcus aureus*

Gronkowce są to Gram-dodatnie kuliste bakterie (ziarniaki) o średnicy od 0,5 do 1,5 μm. Komórka omawianych bakterii otoczona jest błoną, a następnie ścianą komórkową. Zewnętrza warstwa ściany komórkowej 10% gronkowców (w tym gronkowca złocistego) pokryta jest śluzową otoczką polisacharydową, która umożliwia im wiązanie się do tkanek żywych organizmów (adhezję do białek macierzy komórkowej gospodarza). Ściana komórkowa gronkowców w 90% składa się ze złożonego polimeru zwanego peptydoglikanem. Jest on zbudowany z 10-12 ułożonych naprzemiennie podjednostek kwasu N-acetylomuraminowego i N-acetyloglukozaminy połączonych wiązaniem β(1,4)-glikozydowym usieciowanych mostkami peptydowymi. W przypadku Staphylococcus aureus łańcuchy glikanowe są sieciowane mostkami pentaglicynowymi wiążącymi się z L-lizyną jednego łańcucha peptydowego i D-alaniną następnego. Ponadto w ścianach komórkowych gronkowców występują także kwasy tejchojowe (około 10% masy całej komórki), białko A (w niniejszej pracy wykorzystano szczep *S. aureus* niezawierający białka A) oraz koagulaza. Budowa błon komórkowych gronkowców jest skomplikowana. Są to struktury tworzone przez białka, tłuszcze i węglowodory.[53,54] Gronkowiec złocisty wywołuje u ludzi wiele chorób, gdyż oprócz bezpośredniej inwazji narządów powoduje także choroby spowodowane uwalnianiem egzotoksyn. Można do nich zaliczyć między innymi:

- Zapalenie żołądkowo-jelitowe
- Zespół wstrząsu toksycznego
- Zespół oparzonej skóry
- Zapalenie płuc
- Zapalenie opon mózgowo-rdzeniowych
- Zapalenie kości i szpiku
- Ostre bakteryjne zapalenie wsierdzia
- Septyczne zapalenie stawów
- Zakażenia skóry
- Bakteriemia/sepsa
- Zakażenia dróg moczowych

Warto dodać, że gronkowce nie zawsze wywołują objawy, mimo że żyją w nosogardzieli oraz na skórze u ponad połowy ludności.[55]

W pracy wykorzystano martwe bakterie *Staphylococcus aureus* jako materiał bazowy służący do opracowania nośnika doksorubicyny. Jako organizmy martwe nie powinny wykazywać toksyczności charakterystycznej dla żywych bakterii. Dodatkowo jako materiał w pełni biologiczny oczekiwano, że będą one biokompatybilne oraz całkowicie biodegradowalne, co pozwoli na ich zastosowanie medyczne.

2.5. Nanocząstki złota

Nanocząstki są to obiekty, których rozmiar w co najmniej jednym kierunku nie przekracza 100 nm. Ich właściwości mogą się znacząco różnić od tych obserwowanych i dla pojedynczych atomów, i tych charakterystycznych dla obiektów makroskopowych.[56] Jest tak istotnie w przypadku nanocząstek złota. Złoto jest metalem szlachetnym, mało reaktywnym ze względu na stabilizację spowodowaną efektem relatywistycznym.[57] Jednak nanocząstki złota cechuje dużo większa reaktywność oraz inne unikalne właściwości, zależne od ich rozmiaru i kształtu. Owe właściwości wynikają z ograniczenia kwantowego elektronów w nanocząstkach oraz większego stosunku atomów powierzchniowych do tych obecnych wewnątrz nanocząstki. Otoczenie atomów powierzchniowych w nanocząstkach jest ubogie więc posiadają one znaczną ilość niewysyconych miejsc koordynacyjnych oraz naprężeń i defektów sieci krystalicznej, w szczególności na brzegach i w narożach nanocząstek. [58] Konsekwencją jest nadmiar energii powierzchniowej, który nie mogąc być skompensowany przez dodatkowe atomy powoduje zmniejszenie odległości międzyatomowych. Jest to zjawisko analogiczne do powstawania kropli na skutek dużego napięcia powierzchniowego. Jednocześnie mała ilość sąsiadujących atomów na powierzchni skutkuje większą swobodą oscylacji, co obniża temperaturę topnienia nanocząstek w porównaniu do makroskopowego złota. Dodatkowo, duża gęstość elektronowa występująca szczególnie w okolicy niewysyconych miejscach koordynacyjnych sprawia, że nanocząstki złota znalazły szerokie zastosowanie jako katalizatory wielu reakcji chemicznych.[59]

Niezwykłą cechą nanocząstek złota są ich właściwości optyczne. Pod wpływem promieniowania elektromagnetycznego w nanocząstach wzbudzany jest rezonans plazmonów, czyli koherentne drgania elektronów przewodnictwa. W zależności od wielkości oraz kształtu nanocząstek rezonans plazmonów wzbudzany jest promieniowaniem o zmiennej częstości, czego wynikiem są na przykład różnorodne barwy koloidalnych roztworów poszczególnych nanocząstek złota. Ponieważ rezonans plazmonowy jest czuły także na otoczenie chemiczne i modyfikacje powierzchni nanocząstki złota cieszą się zainteresowaniem naukowców jako biosensory. Co więcej powierzchniowy rezonans plazmonów powoduje zwiększoną absorpcję światła i jej konwersję na ciepło, co jest wykorzystywane w terapii fototermicznej. Podaje się w niej pacjentowi nanocząstki złota o tak dobranych kształtach, aby maksimum absorpcji promieniowania znajdowało się w bliskiej podczerwieni. Są to zazwyczaj nanocząstki podłużne. Jest to istotne z tego względu, że ciało ludzkie jest prawie przepuszczalne dla światła z tego zakresu więc naświetlanie zdrowych tkanek pacjenta nie będzie powodowało ich niszczenia. Natomiast uszkodzeniu spowodowanemu podwyższoną temperaturą ulegają tylko tkanki znajdujące się w najbliższym otoczeniu nanocząstek złota, które podawane są w postaci zapewniającej kumulację w tkance nowotworowej.[60,61] Inną istotną zaletą nanocząstek złota jest ich silna absorpcja promieniowania rentgenowskiego. Umożliwia to ich zastosowanie jako konrastu w obrazowaniu rentgenowskim, w szczególności na potrzeby tomografii komputerowej, gdzie pacjent jest najdłużej narażony na promieniowanie jonizujące, jakim jest promieniowanie X. Dzięki zastosowaniu nanocząstek złota można wykonać wyraźne skany CT w krótszym czasie, a przez to zminimalizować szkodliwe oddziaływanie promieniowania na organizm. Z tej przyczyny różnego rodzaju nanocząstki złota i ich modyfikacje są cieszącym się dużą popularnością obiektem badań in vitro oraz in vivo.[62]

Pomimo małej reaktywności złota jest możliwa modyfikacja powierzchni jego nanocząstek. Sprzęganie nanocząstek złota z innymi cząsteczkami może następować przez powstanie wiązania kowalencyjnego lub przez oddziaływania niekowalencyjne. Wiązanie kowalencyjne ze złotem tworzą atomy siarki pochodzące z grupy tiolowej. Do oddziaływań niekowalencyjnych należy sorpcja fizyczna oraz interakcje elektrostatyczne ze zjonizowanymi ligandami. Nanocząstki złota można funkcjonalizować przez podłączenie tiolowych, aminowych lub fosfinowych pochodnych różnych związków, ale najsilniejsze wiązania tworzą się z tiolami. Z bilobicznego punktu widzenia modyfikacja powierzchni nanocząstek złota może polepszyć ich dyspersję w roztworach wodnych jak i również wywołać kierowanie nanocząstek do konkretnych celów molekularnych. Inną modyfikacją powierzchni jest powlekanie nanocząstek warstwą innych materiałów, takich jak polimery, inne metale, tlenki metali lub tlenki niemetali. Dobrze znanym działaniem jest pokrywanie AuNPs krzemionką, co stanowi zabezpieczenie przed agregacją nanocząstek.[59]

Mając na uwadze medyczne zastosowanie nanocząstek złota trzeba zwrócić uwagę na ich niską toksyczność oraz wynikającą z tego dużą biokompatybilność. W zależności od przyłączonych do powierzchni nanocząstek ligandów mogą one być bardziej lub mniej toksyczne. Dlatego istotne jest przeprowadzenie badań potwierdzających niską toksyczność kompozytów zawierających nanocząstki złota przed ich zastosowaniem praktycznym w medycynie.[63]

Jak wspomniano wcześniej właściwości nanoczastek złota ściśle zależą od ich kształtu i wielkości, a także modyfikacji powierzchni. Różnorodność potencjalnych zastosowań AuNPs spowodowała zapotrzebowanie na nanocząstki o różnych parametrach. Z tej przyczyny opracowano wiele metod syntezy nanocząstek złota. Należą do nich metody elektrochemiczne oraz syntezy w fazie gazowej i ciekłej. Spośród nich to syntezy w fazie ciekłej cieszą się największą popularnością z uwagi na możliwość syntezy na wysoką skalę i kompatybilność ze środowiskiem, w którym żyją komórki. W ogólności AuNPs są syntezowane w fazie ciekłej przez redukcję prekursorów złota na I lub III stopniu utlenienia w roztworach wodnych lub w rozpuszczalnikach organiczmych w obecności stabilizatorów powierzchni. Pomimo przeprowadzania syntez w określonych warunkach nanocząstki otrzymywane są często w pewnym zakresie rozmiaru, a rozrzut wielkości nie musi być regularny.[59]

2.6. Kwas hialuronowy (ang. *hyaluronic acid*, HA)

Kwas hialuronowy jest głównym przedstawicielem grupy mukopolisacharydów. Związek ten został wyizolowany przez K. Meyer'a i J. Palmer'a z ciała szklistego krowiego oka.[64] Wkrótce po opublikowaniu ich pracy odkryto wiele unikalnych właściwości kwasu hialuronowego, odmiennych od tych charakterystycznych dla podobnych glikozoaminoglikanów. Strukturę chemiczną HA przedstawiono na Rysunku 2. Omawiany biopolimer jest liniowym anionowym heteropolisacharydem zbudowanym z ułożonych naprzemiennie merów kwasu D-glukuronowego i N-acetylo-D-glukozaminy. Aminocukier połączony jest z kwasem D-glukuronowym wiązaniem β(1,4)-likozydowym, a kwas glukuronowy z aminocukrem wiązaniem β(1,3)-glikozydowym.[65]

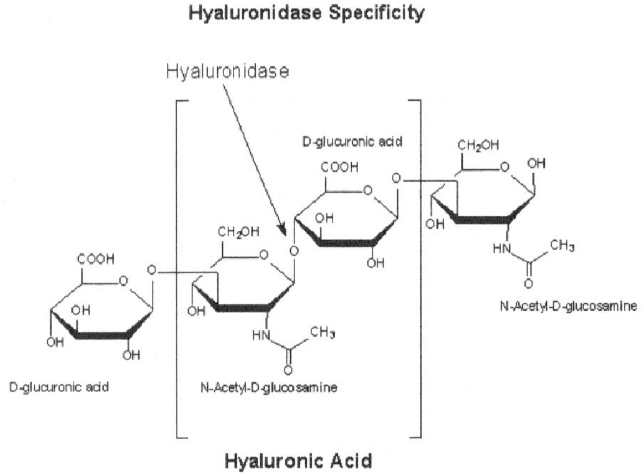

Rysunek 2. Struktura chemiczna kwasu hialuronowego.[66]

Część cząsteczki HA jest hydrofobowa, jednak ze względu na obecność grup hydroksylowych, karboksylowych oraz acetamidowych cząsteczka biopolimeru ma właściwości hydrofilowe. Obecność polarnych i niepolarnych fragmentów w cząsteczce sprawia, że łańcuchy HA mogą oddziaływać ze sobą tworząc różne struktury przestrzenne. W środowisku wodnym kwas hialuronowy jest stabilizowany przez tworzące się wązania wodorowe pomiędzy cząsteczkami biopolimeru, a cząsteczkami wody. Dodatkową stabilizacją są także wewnątrzcząsteczkowe wiązania wodorowe oraz wiązania wodorowe pomiędzy różnymi molekułami biopolimeru. Masa molekularna HA zależy od źródła oraz metody produkcji i mieści się w zakresie 10^5-10^7 Da. Odpowiada to 25 000 lub więcej jednostkom disacharydowym. Kwas hialuronowy jest szeroko wykorzystywany w kosmetyce i medycynie ze względu na zdolność do zatrzymywania dużej ilości wody. Jest on naturalnie występującym w skórze biopolimerem, ale jego zawartość jest zależna od pory roku, dodatkowo z wiekiem jego ilość maleje. Dlatego jest on powszechnie stosowany w celu poprawy nawilżenia i odmłodzenia skóry, na przykład jako główny składnik wielu wypełniaczy śródskórnych. Poza skórą w organizmie ludzkim duża ilość kwasu hialuronowego znajduję się także w mazi stawowej. Osoby cierpiące na chorobe zwyrodnieniową stawów mają obniżoną zawartość HA w mazi stawowej, przy czym jego masa cząsteczkowa jest także mniejsza niż u osób zdrowych. W związku z tym w leczeniu choroby stosuje się zastrzyki z kwasu hialuronowego o dużej masie cząsteczkowej. Ponadto w medycynie kwas hialuronowy wykorzystywany jest w okulistyce, ponieważ ciało szkliste oka składa się w dużej mierze właśnie z kwasu hialuronowego produkowanego przez komórki rogówki. Jego niedobór powoduje między innymi suchość oka więc jest jednym ze składników kropli nawilżających do oczu. Znajduje też zastosowanie w poważnych chorobach oczu. HA wykazuje także działanie przeciwzapalne, antybakteryjne i biostymulujące, co sprawia, że jest on wykorzystywany w celu przyśpieszenia gojenia ran i oparzeń.[67]

Ze względu na problematykę pracy niezwykle istotna jest rola kwasu hialuronowego w onkologii. HA o dużej masie cząsteczkowej wiąże się z receptorami błony komórkowej komórek nowotworowych, co spowalnia migrację komórek nowotworowych, a przez to opóźnia pojawienie się przerzutów.[68] Aby doszło do przerzutu nowotworu niezbędna jest proteoliza zewnątrzkomórkowej domeny receptora CD44. Powoduje to zerwanie połączenia komórki z kwasem hialuronowym, a w konsekwencji jej uwolnienie i migrację.[69] Innym mechanizmem działania kwasu hialuronowego o dużej masie cząsteczkowej jest promowanie tworzenia otoczki z tkanki łącznej wokół guza. Dodatkowo HA o dużej masie cząsteczkowej posiada zdolność hamowania angiogenezy. Wszystkie wymienione mechanizmy działania HA o wysokiej masie cząsteczkowej świadczą o tym, że może być on stosowany jako inhibitor rozwoju nowotworu. Jednak w przypadku biopolimeru o niskiej masie cząsteczkowej efekt jest odwrotny – HA indukuje angiogenezę, przyśpieszając rozwój nowotworu. Inną wartą zauważenia cechą kwasu hialuronowego jest fakt, że może on wykazywać działanie synergiczne z konwencjonalnymi lekami przeciwnowotworowymi. Dzięki temu można zmniejszyć dawki leków, a przez to także zredukować toksyczność dla zdrowych tkanek. Współczenie prowadzonych jest również wiele badań nad zastosowaniem kwasu hialuronowego w systemach kierunkowego dostarczania leków.[67] Białkiem błonowym odpowiedzialnym za selektywne wiązanie HA do powierzchni błony komórkowej jest receptor CD44. W zewnątrzkomórkowej macierzy guza nowotworowego znajduje się duża ilość HA. Jest ona wynikiem faktu, że w wielu rodzajach nowotworów receptor CD44 wykazuje nadekspresję.[70] Dzięki tej właściwości komórek nowotworowych HA może być potencjalnie wykorzystany jako ligand kierujący selektywnie tkanki zmienionej nowotworowo.[71,72] Ponadto kwas hialuronowy jako biopolimer naturalnie występujący w organizmie posiada dodatkowe zalety istotne dla komponentów nośników leków, takie jak dobra biokompatybilność, biodegradowalność oraz nieimmunogenność.[73]

3. Część eksperymentalna

W tej części pracy w pierwszej kolejności zostanie opisana procedura otrzymywania potencjalnego nośnika leków. Następnie podane zostaną informacje dotyczące metod przygotowywania próbek do pomiarów oraz testów cytotoksyczności opracowanego kompozytu. W ostatniej części rozdziału zostaną natomiast przedstawione wyniki przeprowadzonych badań fizykochemicznych oraz biologicznych.

3.1. Modyfikacja mikrokapsułek *Staphylococcus aureus*

W celu otrzymania nośnika leków antynowotworowych wykorzystano martwe bakterie *Staphylococcus aureus* jako mikrokapsułki pozwalające na uwięzienie wewnątrz nich leku antynowotworowego. Schemat takiego nośnika przedstawiono na Rys. 3. Wykorzystanym modelowym lekiem przeciwnowotworowym była opisana w rozdziale 2.2. doksorubicyna. Mikrokapsułki *S. aureus* zostały zmodyfikowane nanocząstkami złota z dwóch powodów. Pierwszym z nich jest wzmocnienie konrastu w obrazowaniu rentgenowskim, AuNPs. Natomiast drugim jest umożliwienie dalszej modyfikacji układu przez przyłączenie tiolowej pochodnej kwasu hialuronowego do powierzchni mikrokapsułek. HA jest ligandem odpowiedzialnym za kierowanie nośnika leku selektywnie do tkanki nowowtworowej.

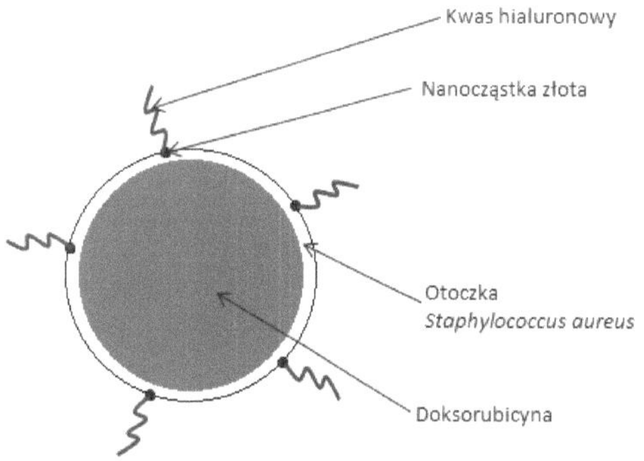

Rysunek 3. Model projektowanego nośnika leku

W kolejnych podrozdziałach zostaną przedstawione stosowane odczynniki oraz dokładne procedury modyfikacji mikrokapsułek *S. aureus*. Roztwory $HAuCl_4$,

NaOH, HA-SH oraz DOX były okresowo przygotowywane w wodzie destylowanej w szklanych fiolkach z nakrętką. Roztwór $NaBH_4$ przygotowywano w chłodnej wodzie destylowanej chwilę przed użyciem także w szklanej fiolce. Zgodnie z zaleceniem producenta biokapsułki *S. aureus* powinny być przechowywane w temperaturze od -5 do -30°C, w związku z tym zawiesimy mikrokapsułek przygotowywano krótko przed rozpoczęciem ich modyfikacji. Także z tego powodu ich zawiesiny wodne były zawsze przechowywane w obniżonej temperaturze. Wszystkie etapy modyfikacji zostały przeprowadzone probówkach Eppendorfa lub w szklanych fiolkach z nakrętką w zależności od docelowej ilości otrzymywanego kompozytu. Wirowanie osadu mikrokapsułek odbywało się zawsze w probówkach Eppendorfa w wirówce MiniSpin.

3.1.1. Stosowane odczynniki

Odczynniki wykorzystywane do syntezy opracowywanego kompozytu:

- *Staphylococcus aureus* (Wood strain without protein A) BioParticles®, unlabeled (Life Technologies)
- Sól fizjologiczna 0,9 % NaCl
- Chlorek złota (III) trihydrat $HAuCl_4 \cdot 3H_2O$, ACS reagent (Sigma-Aldrich Polska)
- Borowodorek sodu ~98% NaBH4 (Sigma-Aldrich Polska)
- Tiolowa pochodna kwasu hialuronowego
- Wodorotlenek sodu NaOH cz.d.a. (Chempur)
- Chlorowodorek doksorubicyny $C_{27}H_{29}NO_{11} \cdot HCl$ (Lancrix)
- Roztwory buforowe
- DMSO

Odczynniki stosowane do hodowli komórkowej:

- FBS (Featel Bovie Serum) (Gibco)
- DMEM (Dulbecco's modified eagle medium) z ultra glutaminą i glukozą 4,5g/l (Lonza)
- penicylina ze streptomycyną do hodowli (Gibco) – 10 000 jednostek/ml penicylina i 10 000 µg/ml streptomycyna
- DMEM bez α-glutaminy i czerwnieni fenolowej (Lonza)
- 0.05 % trypsyna - EDTA (Gibco)

- PBS bez jonów - zbuforowany roztwór soli fizjologicznej bez Ca^{2+} i Mg^{2+} do użytku laboratoryjnego (Gibco)
- Cell Banker 2 (Biokom)

Odczynniki do testu MTT:
- kwas solny (HCl) 0,1M (Chem Fix)
- izopropanol (POCH *S.A*)
- 98% TLC MTT (thiazolyl blue tetrazolinum bromide) (Sigma Bio Science)

Odczynniki do testu LDH:
- katalizat (mieszanina diaforeza/NAD+ - liofilizowana, stabilizowana) (Roche Diagnostics GmbH)
- barwnik, zawierający chlorek jodotetrazoliny i mleczan sodu (Roche Diagnostics GmbH)

3.1.2. Znakowanie mikrokapsułek nanocząstkami złota

Mikrokapsułki *S. aureus* były modyfikowane dwiema metodami:
Pierwsza metoda polegała na zawieszeniu 0,5 mg *S. aureus* w 10 μl wody destylowanej. Następnie do zawiesiny dodawano 100 μl 5,8 mM roztworu kwasu tetrachlorozłotowego i inkubowano w obniżonej temperaturze przez 24 godziny, co jakiś czas wstrząsając. Po upływie tego czasu redukowano zawiesinę za pomocą 100 μl 25 mM borowodorku sodu, co powodowało zabarwienie roztworu na czarny kolor. Ostatnim krokiem było odwirowanie mikrokapsułek znakowanych złotem przez 5 minut z 13 400 rpm. Supernatant został usunięty, a osad został trzykrotnie zawieszony w wodzie destylowanej i odwirowany. Kapsułki otrzymane tą metodą będą dalej w skrócie oznaczane *S.a*-AuNPs(met.I).

Druga metoda modyfikacji w pierwszej kolejności przygotowano zawiesinę 0,5 mg *S. aureus* w 250 μl soli fizjologicznej, a następnie dodano do niej 500 μl 5,8 mM roztworu kwasu tetrachlorozłotowego. Zawiesinę pozostawiano na 24 godziny w lodówce. Następnie roztwór zobojętniano wobec papierka wskaźnikowego 375 μl 10 mM zasady sodowej, a następnie zredukowano przez dodanie 75 μl 25 mM roztworu borowodorku sodu. Modyfikacja AuNPs kończyła się zebraniem supernatantu i trzykrotnym przemyciem kapsułek wodą destylowaną. W przypadku tej metody mikrokapsułki za każdym razem wirowano z prędkością 9 000 rpm. Kapsułki otrzymane w ten sposób będą w dalszej części pracy oznaczane w skrócie *S.a*-AuNPs(met.II).

3.1.3. Przyłączanie tiolowej pochodnej kwasu hialuronowego

Do osadu wcześniej przygotowanych i oczyszczonych znakowanych AuNPs mikrokapsułek *S. aureus* dodawano 50 µl tiolowej pochodnej kwasu hialuronowego o stężeniu 7,5 mg/ml. Zawiesinę pozostawiano na minimum 2 godziny w obniżonej temperaturze co jakiś czas wstrząsając. Potem osad odwirowywano przez 5 minut z prędkością 9 000 rpm. Supernatant usunięto, a pozostałe mikrokapsułki przemyto trzykrotnie wodą destylowaną.

3.1.4. Napełnianie mikrokapsułek doksorubicyną

Do osadu zmodyfikowanych biokapsułek dodawano 50 µl 30 mM roztworu doksorubicyny. Zawiesinę pozostawiano na minimum 2 godziny w lodówce co pewien czas wstrząsając. Następnie osad mikrocząstek wypełnionych lekiem odwirowywano. Supernatant usuwano, a osad przemywano trzykrotnie wodą detylowaną, przy czym za każdym razem w celu zawieszenia kapsułek w wodzie stosowano sonifikator ultradźwiękowy.

3.2. Przygotowanie próbek do pomiarów

Mikroskopia optyczna

Zawiesinę próbki nakraplano na szkiełko podstawowe, a następnie przykrywano szkiełkiem nakrywkowym. Zdjęcia optyczne zostały wykonane za pomocą urządzenia Nikon Eclipse LV 100 przy maksymalnej dostępnej mocy lampy. Do wykonania zdjęć we fluorescencji stosowano filtr wzbudzenia o zakresie 460-500 nm.

Mikroskopia TEM

Na specjalną miedzianą siatkę TEM (firmy Agar Scientific) pokrytą formvarem i węglem nakroplono kilka mikrolitrów rozcieńczonej wodą destylowaną zawiesiny próbki i pozostawiono do wyschnięcia. Zdjęcia wykonano za pomocą aparatu Zeiss Libra 120 EFTEM.

Mikroskopia SEM

Do metalicznego stolika SEM przyklejono dwustronną taśmę węglową, do której następnie przytwierdzono szkiełko mikroskopowe. Potem nakroplono małą ilość wodnej zawiesiny próbki. Pozostawiono do wyschnięcia. Na koniec na powierzchnię próbki napylono cienką (ok. 5 nm) warstwę złota. Zdjęcia wykonano na aparacie Zeiss Merlin z emisja polową.

Analiza EDS

Zawiesinę próbki nakroplono bezpośrednio na dwustronną taśmę węglową przyklejoną do stolika i pozostawiono do wyschnięcia. Analizę wykonano także na aparacie Zeiss Merlin z emisja polową.

Termograwimetria

Stosunkowo dużą ilość stężonej zawiesiny próbki umieszczano na platynowej szalce, a następnie suszono pod strumieniem zimnego powietrza. Masa suchej próbki wynosiła minimum 1 mg. Badanie TGA przeprowadzono na urządzeniu TA Instruments, Q500 Thermogravimetric Analyzer. Próbkę ogrzewano do 800 °C, a gradient temperatury wynosił 10 °C/min. Podczas analizy próbka przedmuchiwana była azotem (60 ml/min) oraz tlenem (10 ml/min).

Potencjał zeta

Do kuwety wlewano 900 μl buforu o określonym pH z zakresu 3-10, a następnie dodawano 15 μl zawiesiny próbki. Na kuwetę zakładano specjalną nakładkę zanurzeniową służącą do pomiaru potencjału zeta. Pomiary wykonano na przyrządzie Malvern Zetasizer ZS.

Spektroskopia UV-Vis

Roztwory przenoszono pipetą do kuwety kwarcowej o długości drogi optycznej równej 1 cm. Widm zostały zarejestrowane za pomoca spektrofotometru Perkin-Elmer Lambda 25.

3.3. Badanie cytotoksyczności

W celu zbadania cytotoksyczności opracowanego kompozytu wykonano badania in-vitro na adherentnej linii komórkowej ludzkiego niedrobnokomórkowego raka płuca A549. Linia ta została zapoczątkowana w 1972 roku przez D. J. Giard'a i innych przez wycięcie tkanki rakowej płuc od 58-letniego mężczyzny rasy kaukaskiej. Badania przeprowadzone przez M. Lieber'a i innych wykazało, że komórki A549 mogą syntetyzować lecytynę z wysoką zawartością nienasyconych kwasów tłuszczowych z wykorzystaniem szlaku cytydyny difosfocholinowej. Komórki są typu nabłonkowego o kariotypie hypotryploidalnym.[74] Morfologia komórek A549 została przedstawionona na Rys. 4.

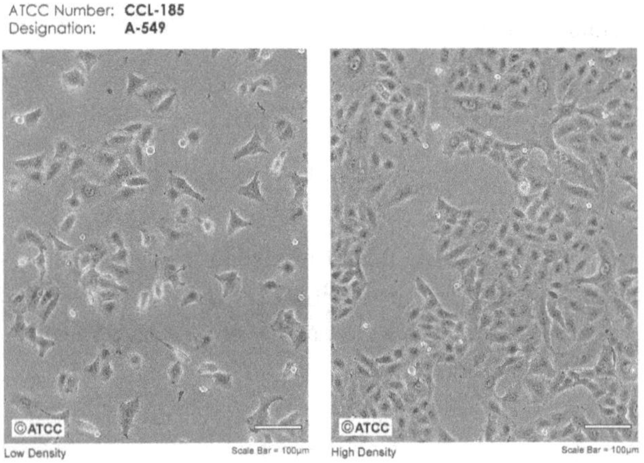

Rysunek 4. Morfologia komórek A549 (zdjęcia hodowli z mikroskopu odwróconego).[74]

Hodowlę komórkową prowadzono w warunkach sterylnych. Pokój laboratoryjny oraz komorę laminarną sterylizowano za pomocą lamp UV. Powietrze w komorze z przepływem laminarnym były sterylizowane przy użyciu filtrów HEPA. Wloty butelek i probówek sterylizowano przy pomocy płomienia z palnika gazowego.

Hodowla linii komórkowej A549:

Komórki bankowano w temperaturze ciekłego azotu. Linię A549 rozmrażano w temperaturze 37 °C. Następnie posiano do dwóch butelek o powierzchni 2500 mm^2 w 5 ml medium MDEM z dodatkiem 10% inaktywowanej FBS oraz penicyliny i streptomycyny. Hodowlę prowadzono w temperaturze 37 °C, w atmosferze o 95 % wilgotności z zawartością CO_2 wynoszącą 5 %. Pożywka hodowlana była zmieniana co 48-72 godziny po stwierdzeniu zmiany barwy medium z malinowej na żółtą. Świadczyło to o silnej proliferacji komórek oraz nagromadzeniu metabolitów. Przed pasażowaniem usunięto zużyte medium znad komórek. Dwukrotnie przepłukano komórki roztworem PBS bez jonów. Komórki odklejano następnie za pomocą roztworu trypsyny z EDTA. Po odklejeniu komórek działanie trypsyny hamowano przez dodatek roztworu FBS. Kolejnym krokiem było liczenie i wirowanie odklejonych komórek z prędkością 100 rmp przez 10 minut. Morfologię i wzrost komórek obserwowano za pomocą mikroskopu odwróconego Nikon Eclipse TS 100. Po osiągnięciu 80 % konfluencji komórki pasażowano (po wcześniejszym odtrypsynowaniu) na płytki 24-dołkowe w 0,5 ml medium hodowlanego (DMEM z 10 % FBS oraz antybiotykami penicyliną i streptomycyną) i/lub do butelek o powierzchni 2500 mm^2 (w zależności od ilości komórek oraz powierzchni naczyń hodowlanych).

Bankowanie komórek:

Do bankowania używano medium krioprotekcyjnego Cell Banker 2. Po umieszczeniu w medium komórki chłodzono przez 24 godziny w temperaturze -76 °C. Po upływie tego czasu komórki umiewszczano w naczyniu z ciekłym azotem.

Rozmrażanie komórek:

Komórki rozmrażanko w łaźni wodnej w temperaturze 37 °C. PO całkowitym rozmrożeniu komórki posiano do naczyń hodowlanych w zrekonstruowanej pożywce DMEM. Po 24 godzinach pożywkę zmieniano na świeżą.

W celu zbadania cytotoksyczności opracowanego kompozytu posłużono się testami MTT i LDH. Pierwszy z nich służy do oceny żywotności komórek oraz stopnia ich proliferacji. Polega on na reakcji redukcji żółtej, rozpuszczalnej w wodzie soli tetrazolowej (bromku 3-(4,5-dimetylo-tiazol-2-ilo)-2,5-difenylotetrazolu, MTT) do nierozpuszczalnego w wodzie purpurowego formazanu. Reakcja ta zachodzi pod wpływem enzymu dehydrogenazy mitochondrialnej. Ilość formazanu jest wprost proporcjonalna do ilości żywych komórek, ponieważ wspomniany enzym znajduje się tylko w komórkach aktywnych metabolicznie, czyli komórkach żywych. Ilość powstałego formazanu, a więc i żywoność komórek określa się spektrofotometrycznie przy długości fali 570 nm, po wcześniejszym rozpuszczeniu formazanu w kwaśnym izopropanolu. Test LDH służy natomiast do oceny umieralności komórek, przez określenie ilości uwolnionej z cytozolu uszkodzonych komórek dehydrogenazy mleczanowej (LDH) do medium hodowlanego. LDH jest katalizatorem reakcji przekształcenia mleczanu w pirogronian. Jest to jeden z etapów zachodzącej reakcji enzymatycznej, której końcowym produktem jest formazan. Jest on substancją barwną mającą maksimum absorpcji w zakresie 400-550 nm. Ilość powstałego hydrazonu jest oznaczana spektrofotometrycznie przy długości fali 490 nm. Jest ona proporcjonalna do ilości uwolnionej przez komórki LDH. Test ten służy do określenia stopnia cytotoksyczności i pozwala ustalić pierwszą dawkę toksyczną oraz dawkę letalną.

Oba testy zostały przeprowadzone po 72 godzinach inkubacji komórek A549 w mediach zawierających różne stężenia badanych mikrokapsułek zawierających lek, mikrokapsułek bez leku oraz czystej doksorubicyny, przy czym media były wymieniane na świeże co 24 godziny. Z uwagi na tendencję próbki do agregacji przed każdorazowym podaniem na komórki zawiesiny kapsułek były sonikowane przez 5 minut. Dodatkowo na każdej płytce w minimum jednym dołku była próba kontrolna (samo medium DMEM), a w innym pożywka oprócz DMEM zawierała także 10%-owy dodatek Tritonu X-100, który powoduje 100% uwolnienia LDH. W celu wykonania testu MTT po usunięciu medium znad komórek do każdego dołka dodano 1 ml roztworu MTT o stężeniu 0.5 mg/ml w medium DMEM i pozostawiono na 2 godziny inkubacji. Następnie roztwór usunięto, a pozostałe na dnie kryształki formazanu rozpuszczono w 1ml roztworu 0,04M HCl w izopropanolu. Absorbancję zmierzono za pomocą modułowego wielodetekcyjnego czytnika wielopłytkowego (Epoch, BioTek) wyposażonego w oprogramowanie Gen5. Żywotność komórek obliczano jako procent w stosunku do kontroli (komórek inkubowanych w samej pożywce). Aby przeprowadzić test LDH krótko przed użyciem przygotowano odczynnik do LDH przez zmieszanie katalizatu i barwnika w proporcji 250 µl - 11,25 ml. Przeniesiono po 200 µl medium hodowlanego z każdego dołka o 96-dołkowej płytki, a następnie pozostałe w medium komórki odwirowywano z prędkością 1800 rmp przez 5 minut. Po 100 µl supernatantu z każdego dołka zostało przeniesione do kolejnej 96-dołkowej płytki. Potem dodano po 100 µl odczynnika do LDH na każdy dołek. Płytkę inkubowano przez 30 minut w temperaturze pokojowej chroniąc przed światłem, a następnie zmierzono absorbancję posługując się tym samym czytnikiem co w przypadku testu MTT. Procent uwolnienia LDH był liczony ze wzoru $\frac{A_S - A_C}{A_T - A_C} * 100\%$, gdzie A_S - absorbancja badanej próbki, A_C - absorbancja próby kontrolnej, A_T – absorbancja po dodaniu Tritonu X-100.

3.4. Wyniki

3.4.1. Mikroskopia optyczna i fluorescencyjna

W pierwszej kolejności w ramach pracy magisterskiej została sprawdzona możliwość inkorporacji doksorubicyny przez zakupione martwe bakterie *Staphylococcus aureus*. Ponieważ doksorubicyna jest fluoroforem, możliwe było potwierdzenie jej włączenia w strukturę biokapsułek *S. aureus* za pomocą mikroskopu optycznego posiadającego tryb fluorescencji. Stwierdzono, że doksorubicyna wnikła w strukturę mikrokapsułek, co stało się podstawą do dalszych badań.

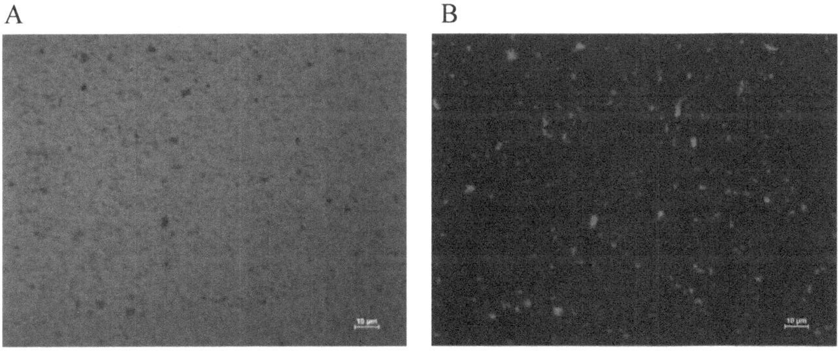

Rysunek 5. Zdjecia mikrokapsułek napełnionych DOX spod mikroskopu optycznego. Zdjęcie A wykonano w świetle widzialnym, B – w trybie fluorescencji.

Postanowiono również ustalić czy przeprowadzone modyfikacje mikrokapsułek nie zmieniły tego stanu rzeczy i czy cały opracowany kompozyt nadal jest w stanie wiązać leki antynowotworowe. Ze zdjęć przedstawionych na Rysunku 5. wynika, że istotnie nadal tak jest, a więc badany układ może być traktowany jako nośnik leku. Niestety można także zaobserwować, że badane mikrokapsułki w roztworze tworzą większe agregaty, co jest zjawiskiem nieporządanym w kontekście ich przyszłego zastosowania jako nośników leków.

3.4.2. Elektronowy mikroskop transmisyjny

Morfologię stosowanych mikrokapsułek zbadano na każdym etapie modyfikacji za pomocą elektronowego mikroskopu transmisyjnego. Na Rysunku 6. zostały przedstawione biokapsułki przed modyfikacją. Można zauważyć, że charakteryzują się one stosunkowo małym rozrzutem wielkości. Na podstawie zdjęć oszacowano, że ich średnica wynosi około 750 nm. Dodatkowo można zaobserwować, że wokół kapsułek znajduje się pewna substancja, za pomocą której ulegają one sklejeniu. Jest to prawdopodobnie wspomniana w rozdziale 2.4. bakteryjna śluzowa otoczka polisacharydowa.

A B

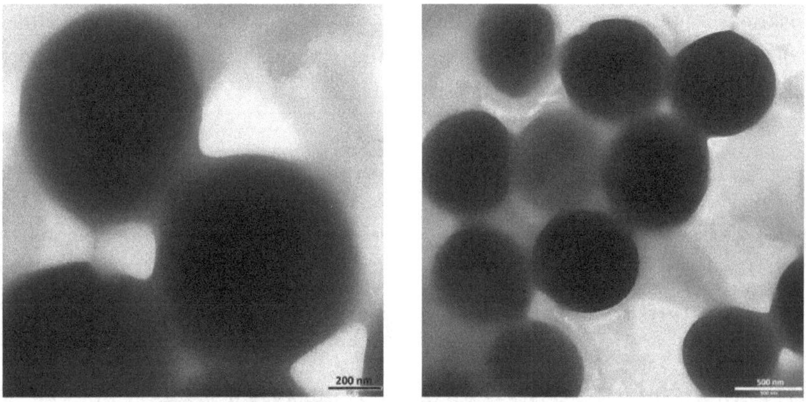

Rysunek 6. Zdjęcia TEM zakupionych martwych bakterii *Staphylococcus aureus*, wykonane w dużym (A) i małym (B) powiększeniu.

Ponieważ w ramach pracy znakowanie mikrokapsułek nanocząstkami złota przeprowadzono dwiema metodami, następne zdjęcia TEM będą podzielone na dwie kategorie.

1) Mikrokapsułki znakowane AuNPs według metody I

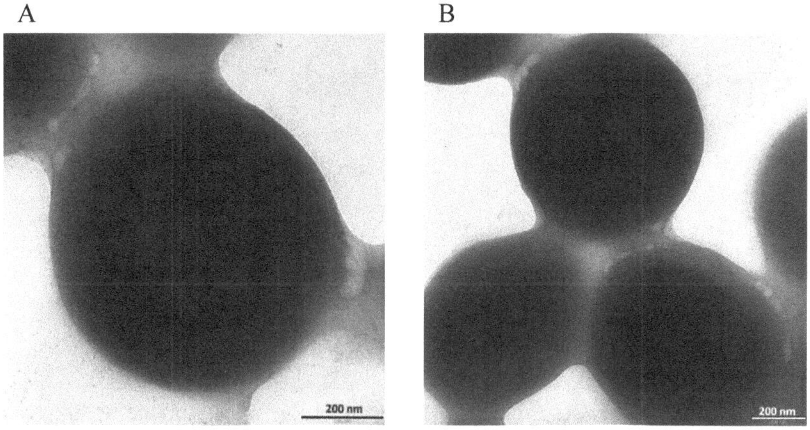

Rysunek 7. Zdjęcia TEM kapsułek *S.a*-AuNPs(met.I), wykonane w dużym (A) i małym (B) powiększeniu.

Z powyższych zdjęć (Rysunek 7.) wynika, że zastosowana metoda pozwoliła na pokrycie kapsułek nanocząstkami złota w sposób równomierny. Oszacowano również, że średnica pojedynczych nanocząstek złota wynosi poniżej 10 nm. Dodatkowo można zaobserwować, że przeprowadzona procedura znakowania AuNPs nie wpłynęła niszcząco na strukturę kapsułek, ani na otoczkę polisacharydową znajdującą się na powierzchni kapsułek.

A B

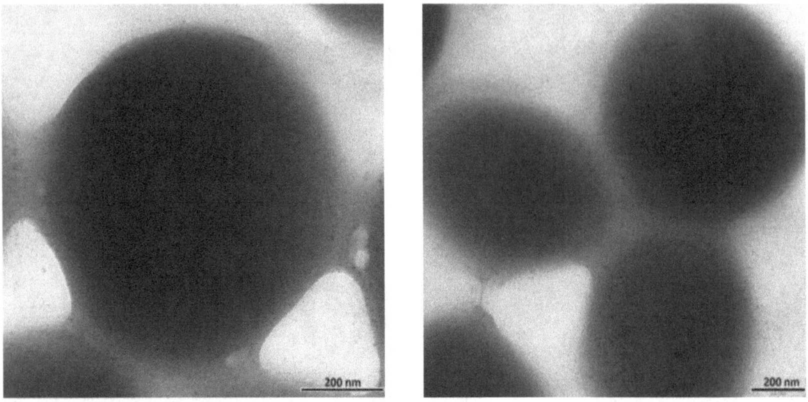

Rysunek 8. Zdjęcia TEM kapsułek *S.a*-AuNPs(met.I)-HA, wykonane w dużym (A) i małym (B) powiększeniu.

A B

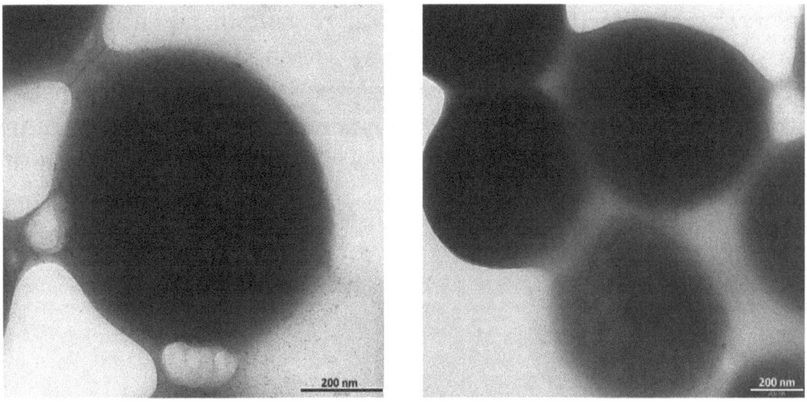

Rysunek 9. Zdjęcia TEM kapsułek *S.a*-AuNPs(met.I)-HA-Dox, wykonane w dużym (A) i małym (B) powiększeniu.

Jak można zaobserwować na kolejnych przedstawionych zdjęciach (Rysunki 8 i 9) ani modyfikacja *S.a*-AuNPs(met.I) tiolową pochodną kwasu hialuronowego, ani następująca po niej procedura napełniania kapsułek doksorubicyną nie wpłynęły destrukcyjnie na budowę biokapsułek. Warto również wspomnieć, że obie modyfikacje nie zmniejszyły znacząco ilości nanocząstek złota więc prawdopodobnie wbudowały się one w ścianę komórkową stosowanych kapsułek bakteryjnych w sposób bardzo trwały.

1) Mikrokapsułki znakowane AuNPs według metody II

A B

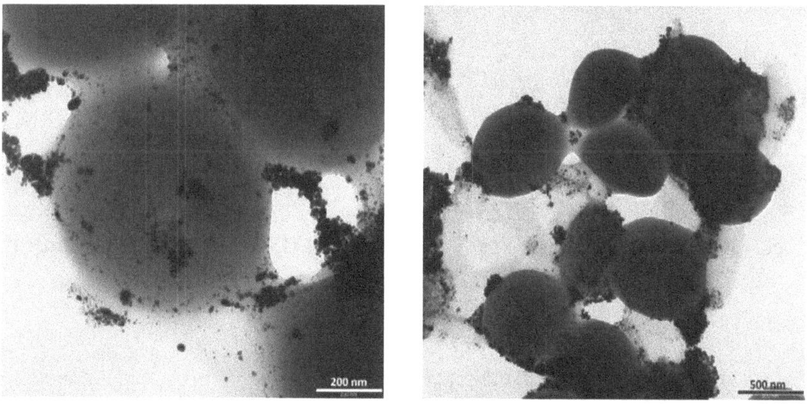

Rysunek 10. Zdjęcia TEM kapsułek *S.a*-AuNPs(met.II), wykonane w dużym (A) i małym (B) powiększeniu.

Jak widać na zdjęciach powyżej (Rysunek 10) zastosowanie drugiej metody znakowania AuNPs spowodowało wytworzenie nanocząstek złota o większej wielkości w porównaniu do pierwszej metody. Oszacowano, że średnica pojedynczych AuNPs sięga około 30 nm. Nanocząstki są rozmieszczone mniej regularnie. Co więcej można zauważyć także tworzenie się agregatów AuNPs. W związku z tym można podejrzewać, że zawartość złota jest większa niż w przypadku kapsułek znakowanych metodą I.

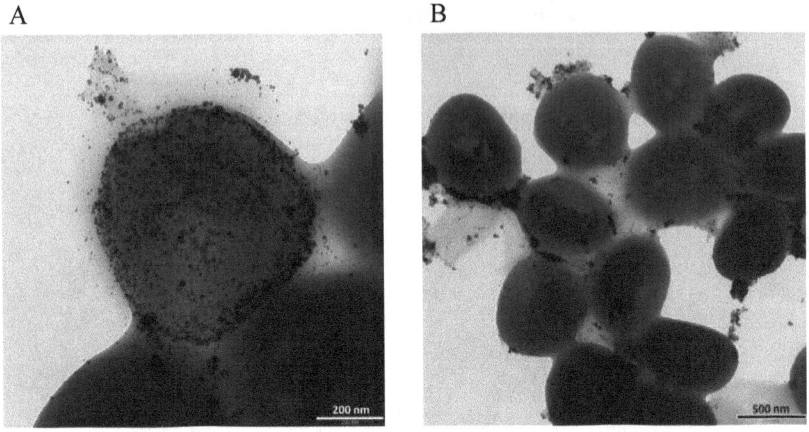

Rysunek 11. Zdjęcia TEM kapsułek *S.a*-AuNPs(met.II)-HA, wykonane w dużym (A) i małym (B) powiększeniu.

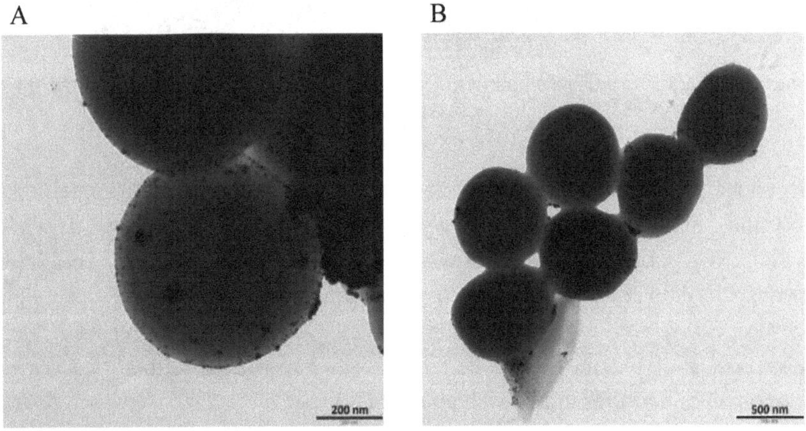

Rysunek 12. Zdjęcia TEM kapsułek *S.a*-AuNPs(met.II)-HA-Dox, wykonane w dużym (A) i małym (B) powiększeniu.

Kolejne zdjęcia potwierdzają, że dalsze modyfikacje nie naruszają struktury mikrokapsułek, jednak można zauważyć zmniejszenie się ilości nanocząstek złota. Mogą istnieć dwie przyczyny poczynionej obserwacji. Możliwe jest, że zdjęcia sugerują taką zależność z powodu wykonania zdjęć w przypadkowych miejscach próbki. Jest to dosyć prawdopodobne ze względu na niejednorodność pokrycia nanocząstkami złota. Z drugiej strony nanocząstki otrzymane metodą II mogą być luźniej związane ze ścianą komórkową stosowanych bakterii, co w kolejnych etapach modyfikacji powoduje ich oderwanie od powierzchni mikrokapsułek.

3.4.3. Elektronowy mikroskop skaningowy

Biokapsułki *Staphylococcus aureus* obrazowano także za pomocą elektronowego mikroskopu skaningowego.

A B

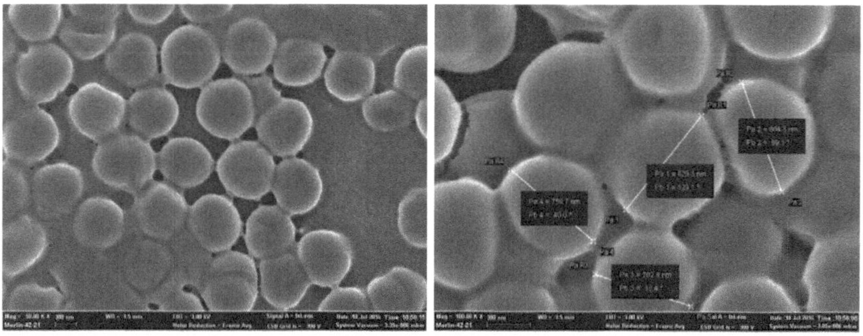

Rysunek 13. Zdjęcia SEM biokapsułek *S. aureus*, wykonane w małym (A) i dużym (B) powiększeniu.

Na Rysunku 13. przedstawiono zakupione mikrokapsułki *S. aureus*. Podobnie jak na zdjęciach TEM, widać na nich otoczkę, za pomocą której biocząsteczki łączą się ze sobą. Zmierzono kilka kapsułek i ich średnica oscyluje w granicach 700-850 nm.

Kolejne zdjęcia (Rysunki 14 oraz 15) przedstawiają odpowiednio kapsułki znakowane nanocząstkami złota metodą pierwszą oraz drugą. Można zauważyć, że ze względu na swój mały rozmiar AuNPs otrzymane metodą I są słabo widoczne na zdjęciu SEM. Z tego względu na zdjęciu 14. zamieszczono pojedynczą mikrokapsułkę w dużym powiększeniu. Na jej powierzchni można zaobserwować jasne punkciki odpowiadające nanocząstkom. Natomiast AuNPs otrzymane metodą II są dużo lepiej widoczne ze względu na swoją wielkość oraz stopień agregacji. Niestety zauważalna jest duża niejednorodność pokrycia mikrokapsułek nanocząstkami. Jest to lepiej widoczne niż na zdjęciach TEM prawdopodobnie z powodu większego stężenia próbki oglądanej pod mikroskopem SEM. Można także z dużym prawdopodobieństwem stwierdzić, że ilość złota jest o wiele większa w przypadku znakowania kapsułek metodą drugą.

A B

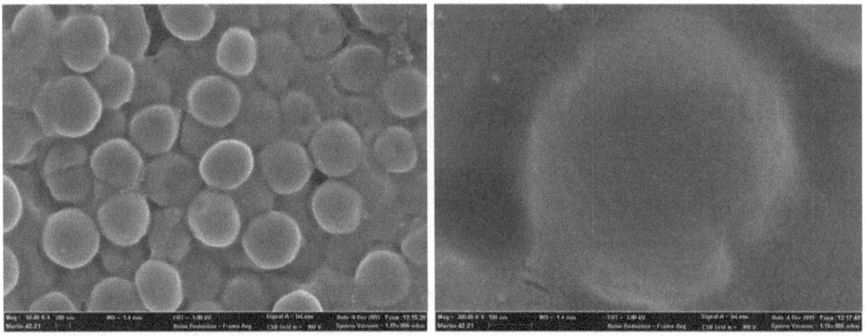

Rysunek 14. Zdjęcia SEM biokapsułek *S.a*-AuNPs(met.I), wykonane w małym (A) i dużym (B) powiększeniu.

A B

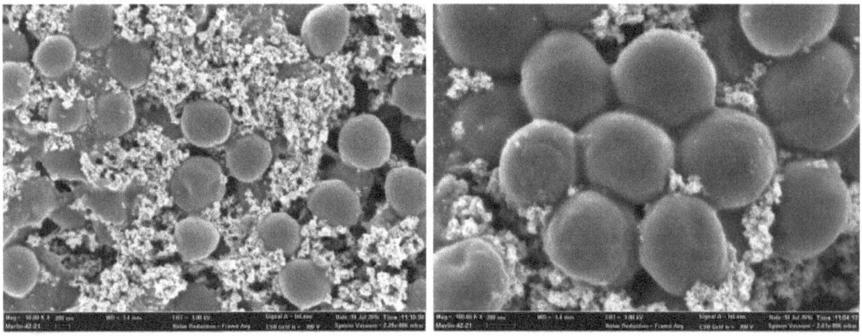

Rysunek 15. Zdjęcia SEM biokapsułek *S.a*-AuNPs(met.II), wykonane w małym (A) i dużym (B) powiększeniu.

3.4.4. Mikroanaliza rentgenowska

W ramach pracy zbadano skład pierwiastkowy biokapsułek *Staphylococcus aureus* za pomocą mikroanalizy EDS. Dodatkowo w celu określenia zawartości złota analizę wykonano również dla kapsułek znakowanych AuNPs obiema metodami.

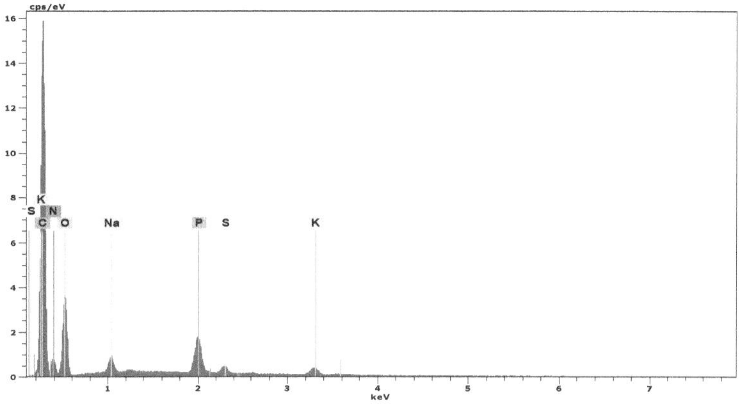

Rysunek 16. Widmo promieniowania X z mikroanalizy rentgenowskiej biokapsułek *S. aureus*.

Zakupione biokapsułki *Staphylococcus aureus* zawierają w większości pierwiastki typowe dla związków organicznych, czyli węgiel, tlen i azot. Ponadto w próbce był obecny sód, fosfor, siarka, potas, magnez oraz chlor. Zawartość procentowa poszczególnych pierwiastków została przedstawiona w tabeli 1. Brak złota w stosowanych mikrokapsułkach pozwala na wykorzystanie analizy EDS do określenia przybliżonej zawartości tego pierwiastka w próbkach znakowanych AuNPs. Niestety jednocześnie skład pierwiastkowy kapsułek uniemożliwia zastosowanie analizy EDS do potwierdzenia obecności tiolowej pochodnej kwasu hialuronowego oraz doksorubicyny w opracowywanym kompozycie.

Spectrum: Acquisition

Element	Series	unn. C [wt.%]	norm. C [wt.%]	Atom. C [at.%]	Error (1 Sigma) [wt.%]
Carbon	K-series	54.15	54.15	61.47	6.15
Nitrogen	K-series	14.03	14.03	13.66	2.19
Oxygen	K-series	26.15	26.15	22.29	3.32
Sodium	K-series	1.16	1.16	0.69	0.10
Phosphorus	K-series	2.73	2.73	1.20	0.13
Sulfur	K-series	0.59	0.59	0.25	0.05
Potassium	K-series	1.00	1.00	0.35	0.06
Magnesium	K-series	0.10	0.10	0.05	0.03
Chlorine	K-series	0.09	0.09	0.03	0.03
	Total:	100.00	100.00	100.00	

Tabela 1. Udział procentowy pierwiastków we fragmencie próbki biokapsułek *S. aureus*.

Na rysunkach 17 i 18 przedstawiono widma promieniowania rentgenowskiego dla fragmentów próbek mikrokapsułek modyfikowanych nanocząstkami złota. Poniżej nich znajdują się tabele przedstawiające udział procentowy pierwiastków.

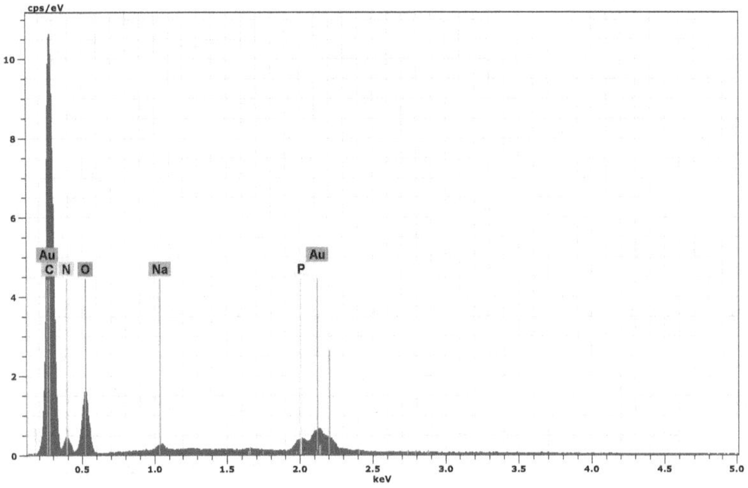

Rysunek 17. Widmo promieniowania X z mikroanalizy rentgenowskiej próbki *S.a*-Au(met.I)

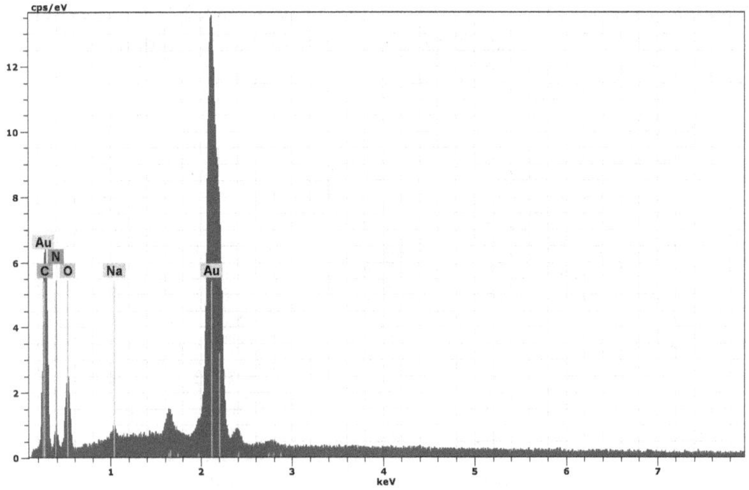

Rysunek 18. Widmo promieniowania X z mikroanalizy rentgenowskiej próbki *S.a*-Au(met.II)

Spectrum: Acquisition

Element	Series	unn. C [wt.%]	norm. C [wt.%]	Atom. C [at.%]	Error (1 Sigma) [wt.%]
Carbon	K-series	57.85	57.85	68.28	6.52
Nitrogen	K-series	12.48	12.48	12.63	1.99
Oxygen	K-series	19.75	19.75	17.50	2.59
Sodium	K-series	0.58	0.58	0.36	0.07
Phosphorus	K-series	1.43	1.43	0.65	0.09
Gold	M-series	7.91	7.91	0.57	0.33
	Total:	100.00	100.00	100.00	

Tabela 2. Udział procentowy pierwiastków we fragmencie próbki *S.a*-Au(met.I).

Spectrum: Acquisition

Element	Series	unn. C [wt.%]	norm. C [wt.%]	Atom. C [at.%]	Error (1 Sigma) [wt.%]
Carbon	K-series	14.78	16.05	57.27	1.99
Nitrogen	K-series	3.16	3.44	10.52	0.63
Oxygen	K-series	5.02	5.46	14.61	0.79
Sodium	K-series	0.72	0.78	1.45	0.08
Gold	M-series	68.38	74.28	16.16	2.60
	Total:	92.05	100.00	100.00	

Tabela 3. Udział procentowy pierwiastków we fragmencie próbki *S.a*-Au(met.II).

Na podstawie mikroanalizy rentgenowskiej określono przybliżoną zawartość złota w próbkach otrzymywanych obiema metodami. Wynosiły one około 8 i 70 % masowych odpowiednio dla próbek uzyskanych metodą I i II. Z badania wynika, że ilość otrzymanych AuNPs różni się w znacznym stopniu w zależności od zastosowanej metody znakowania. Mikroanaliza rentgenowska jest jednak metodą określającą skład pierwiastkowy w małym obszarze próbki. Z uwagi na stosunkowo dużą nieregularność rozmieszczenia nanocząstek na mikrokapsułkach w przypadku znakowania AuNPs metodą II wyniku analizy EDS nie można traktować jako parametru charakteryzującego całą próbkę (Analiza została wykonana w miejscu gdzie nanocząstki były wyraźnie widoczne.). Niezbędne jest więc wykonanie większej ilości pomiarów w różnych miejscach próbki lub zweryfikowanie wyniku inną metodą pomiarową, co uczyniono w ramach tej pracy.

3.4.5. Termograwimetria

Aby wyznaczyć w sposób bardziej wiarygodny zawartość nanocząstek złota w próbce wykonano analizy termograwimetryczne mikrokapsułek znakowanych AuNPs. Aby otrzymać możliwie dokładny wynik badanie przeprowadzono także dla niezmodyfikowanych kapsułek. Otrzymane krzywe termograwimetryczne zostały przedstawione na rysunku 19.

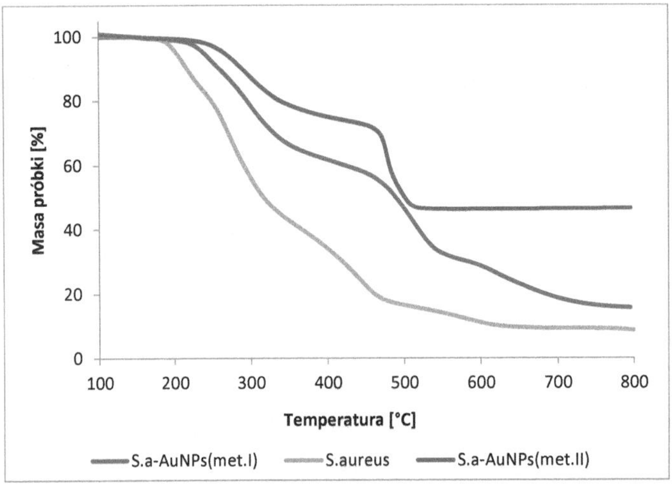

Rysunek 19. Krzywe termograwimetryczne kapsułek *S. aureus* oraz kapsułek *S. aureus* znakowanych złotem metodami I i II.

Na podstawie danych pochodzących z analizy TGA została wyznaczona zawartość procentowa złota w obu strukturach. Mikrokapsułki otrzymane za pomocą metody pierwszej zawierały 7,7 % masowych złota. Jest to wartość w przybliżeniu zgodna z uzyskaną podczas analizy EDS. Natomiast sytuacja wygląda inaczej w przypadku kapsułek znakowanych AuNPs zgodnie z metodą II. Dla przypomnienia według przeprowadzonej analizy EDS wspomniana próbka zawierała około 70 % złota. Ustalony na podstawie analizy TGA udział masowy złota w próbce wynosi 41,5 % i ta wartość powinna być uznawana za bliższą prawdziwej.

Porównując uzyskane krzywe termograwimetryczne można także zaobserwować, że im więcej jest nanocząstek złota w próbce tym większa temperatura jest potrzebna do rozkładu kolejnych związków organicznych, z których składają się stosowane biokapsułki. Spowodowane jest to prawdopodobnie magazynowaniem ciepła przez nanocząstki.

3.4.6. Potencjał zeta

Stabilność koloidalną opracowywanych układów zbadano na kolejnych etapach syntezy za pomocą pomiaru potencjału zeta. Wyniki pomiarów zostały przedstawione na wykresie poniżej (rysunek 20).

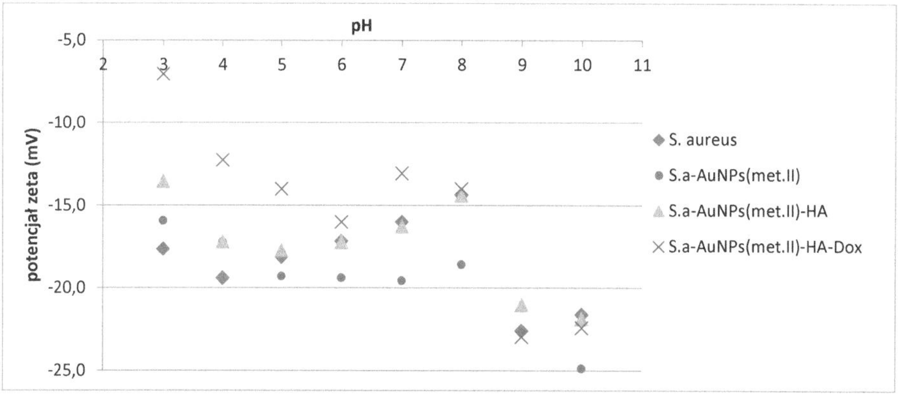

Rysunek 20. Zależność zeta potencjału od wartości pH

Wartość potencjału zeta dla kapsułek na wszystkich etapach modyfikacji w badanym zakresie pH jest ujemna. Najniższe wartości potencjału otrzymano dla najwyższych wartości pH. Analizując przebieg zmian potecjału zeta w zależności od pH można wywnioskować, że kapsułki posiadają ujemny ładunek powierzchniowy. Prawdopodobnie na powierzchni kapsułek znajdują się grupyfunkcyjne mogące łatwo ulegać dysocjacji, dlatego obserwuje się stosunkowo duży wpływ pH na wartość potencjału zeta. Uzyskane w badaniu wartości potencjału zeta świadczą o niskiej stabilności zawiesiny. Najbardziej trwały roztwór koloidalny powstał w buforach o pH 9 oraz 10. Zastosowanie opracowanego kompozytu wymaga jednak zawieszenia go w środowisku bliskim obojętnemu. W tym zakresie pH najlepszą wartość potencjału zeta (ze względu na stabilność zawiesiny) uzyskano dla biokapsułek modyfikowanych AuNPs. Niestety dalsza modyfikacja kapsułek tiolową pochodną kwasu hialuronowego spowodowała podwyższenie wartości potencjału zeta ponownie do około -15 mV (wartość zbliżona do otrzymanej dla czystych biokapsułek). Co więcej napełnienie kapsułek doksorubicyną spowodowało jeszcze większe podniesienie potencjału zeta, a tym samym zmniejszyło stabilność zawiesiny. Duży wpływ modyfikacji doksorubicyną na parametr powierzchniowy kapsułek jakim jest potencjał zeta może również sugerować, że nie tylko interkaluje ona wewnątrz kapsułki, ale również przyłącza się do jej powierzchni.

3.4.7. Spektroskopia UV-Vis

W celu określenia zawartości doksorubicyny w opracowywanym nośniku leku napełniono doksorubicyną znaną ilość mikrokapsułek zgodnie z procedurą omówioną w rozdziale 3.1.4. Przygotowano roztwory wzorcowe doksorubicyny w DMSO w zakresie stężeń 10^{-4}-10^{-6} mol/dm^3 i zmierzono ich absorpcję w przedziale 300-800 nm. Następnie podjęto próbę ponownego uwolnienia włączonej w strukturę kapsułek doksorubicyny. W tym celu do napełnionych doksorubicyną biokapsułek dodano 10 ml DMSO. Z uwagi na bardzo intensywną barwę roztworu rozcieńczono go w taki sposób, aby jego absorpcja zawierała się w przygotowanej krzywej kalibracyjnej. Uzyskano to przez dodatnie 3 ml DMSO do 2 ml roztworu próbki. Następnie zmierzono jego widmo UV-Vis. Wszystkie widma zostały przedstawione na rysunku poniżej (rysunek 21).

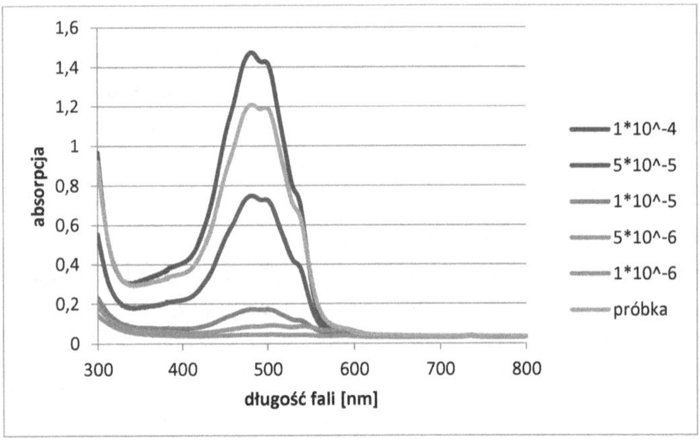

Rysunek 21. Widma UV-Vis roztworów wzorcowych oraz próbki doksorubicyny w DMSO.

Maksimum absorpcji większości widm roztworów wzorcowych znajdowało się przy 483 nm. Dla wartości absorbancji odpowiadających tej długości fali wykreślono krzywą kalibracyjną (zamieszczoną na rysunku 22), która posłużyła do wyznaczenia zawartości doksorubicyny w kapsułkach. Biorąc pod uwagę zastosowane rozcieńczenie roztworu próbki oraz masę użytych biokapsułek (5,11 mg) ustalono, że zawartość doksorubicyny w kapsułkach wynosi $4{,}01*10^{-4}$ mmola na 1 mg biokapsułek *S. aureus*.

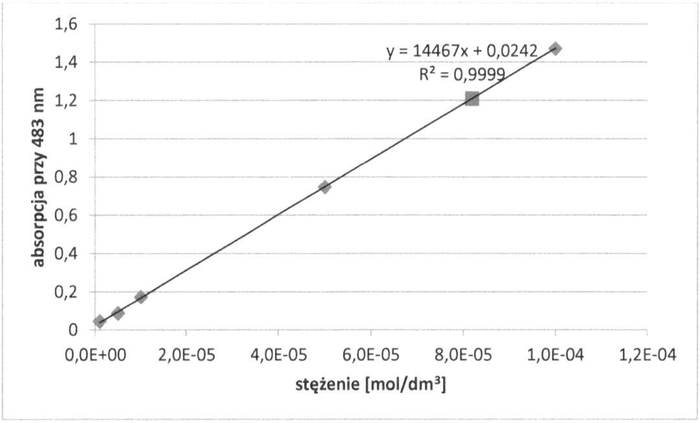

Rysunek 22. Krzywa kalibracyjna doksorubicyny (punkty niebieskie) oraz punkt otrzymany dla roztworu próbki (czerwony).

3.4.8. Test MTT

Zbadano (in vitro) wpływ opracowanego nośnika leku (*S.a*-AuNPs(met.II)-HA) oraz nośnika leku zawierającego doksorubicynę (*S.a*-AuNPs(met.II)-HA-Dox) na żywotność komórek raka płuc A549. Otrzymane wyniki zobrazowano graficznie na rysunku 23. Stężenia podane na wykresie oznaczają ilość doksorubicyny jaka jest zawarta w podanej ilości mikrokapsułek lub w przypadku pustych mikrokapsułek - jaka byłaby zawarta, gdyby przeprowadzono dalej procedurę ich napełnienia doksorubicyną.

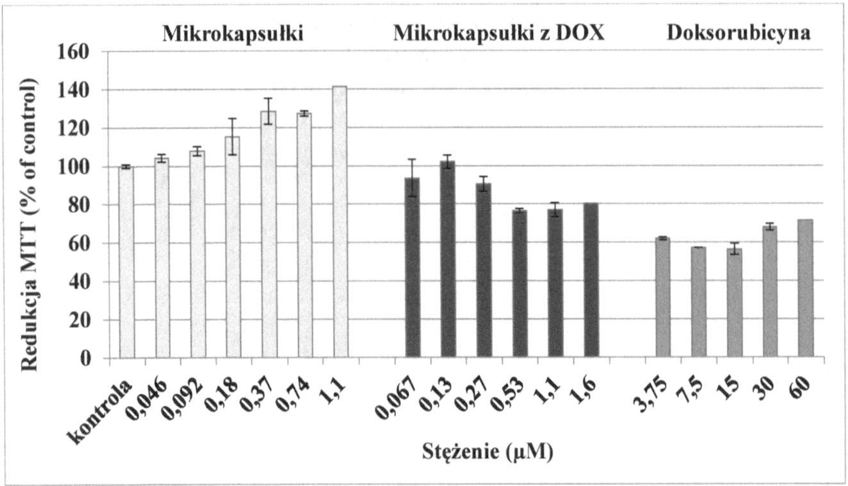

Rysunek 23. Wyniki testu MTT dla pustych biokapsułek, biokapsułek z doksorubicyną oraz czystej doksorubicyny.

Po lewej stronie powyższego wykresu widzimy odpowiedź komórek na podanie różnych stężeń pustych zmodyfikowanych kapsułek *S. aureus*. Wraz ze wzrostem ich stężenia żywotność komórek rośnie. Oznacza to, że same mikrokapsułki nie są toksyczne dla komórek, co jest jednym z wymogów jakie się stawia przed nośnikami leków. W środkowej części wykresu znajdują się wyniki dla mikrokapsułek wypełnionych doksorubicyną. Można zaobserwować, że dla wyższych stężeń żywotność komórek spadła do około 80 %. Zmniejszenie ilości komórek aktywnych metabolicznie w stosunku do kontroli może oznaczać, że część komórek umarła. Inną możliwością jest zmniejszenie metabolizmu na skutek zaprzestania rozmnażania się komórek. Komórki z zahamowaną proliferacją nie mają tak dużego zapotrzebowania na energię jak szybko dzielące się komórki nowotworowe. Po prawej stronie diagramu zostały także zamieszczone wyniki dla czystej doksorubicyny. Jak można się było spodziewać, ona także powoduje obniżenie żywotności komórek. Warto zauważyć, że lek podany za pomocą opracowanych mikrokapsułek powoduje porównywalne obniżenie żywotności komórek co czysta doksorubicyna, przy czym całkowite stężenie doksorubicyny podanej w kapsułkach jest mniejsze.

3.4.9. Test LDH

Cytotoksyczność zaprojektowanego nośnika leku (*S.a*-AuNPs(met.II)-HA) oraz nośnika leku zawierającego doksorubicynę (*S.a*-AuNPs(met.II)-HA-Dox) badano in vitro także za pomocą testu LDH, przeprowadzonego na linii komórkowej nowotworu płuc A549. Jak wspomniano w rozdziale 3.3 określa on umieralność komórek na podstawie uwolnionej podczas uszkodzenia komórki LDH. Wyniki badania przedstawiono na rysunku poniżej.

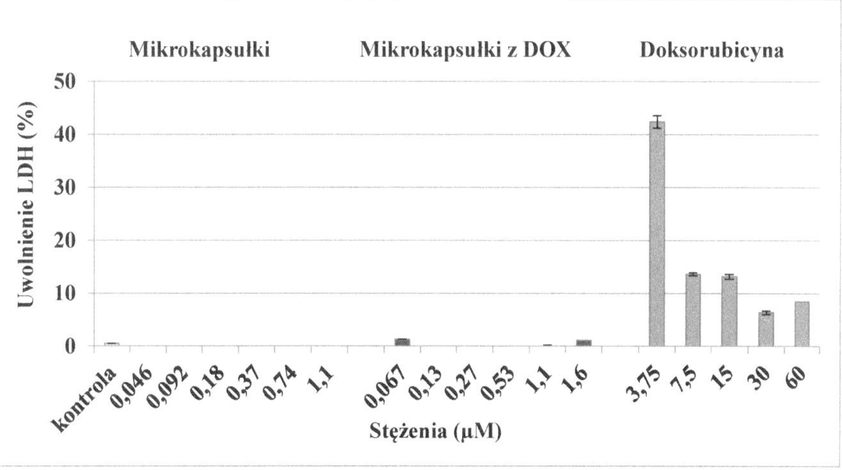

Rysunek 24. Wyniki testu LDH dla pustych biokapsułek, biokapsułek z doksorubicyną oraz czystej doksorubicyny.

Analizując wyniki testu LDH można potwierdzić, że puste biokapsułki nie działają toksycznie na komórki. Zaskakującą obserwacją jest natomiast fakt, że mikrokapsułki wypełnione doksorubicyną nie powodują umieralności komórek nowotworowych tak jak czysta doksorubicyna. Wynika z tego, że opracowane mikokapsułki charakteryzują się innym mechanizmem działania na komórki niż czysta doksorubicyna. Jak omówiono w rozdziale 2.2 sposób działania doksorubicyny nie jest do końca znany. Jest on złożony z wielu czynników. Być może zamknięcie doksorubicyny w stosowanych biokapsułkach spowodowało zahamowanie któregoś z nich czego skutkiem jest nie zabicie komórki, a tylko zaprzestanie jej dalszego podziału. Wynik testu LDH sugeruje, że obniżenie żywotności komórek A549 w teście MTT wynika tylko i wyłącznie z zahamowania proliferacji komórek nowotworowych. Niezbędne są jednak dalsze badania, których celem było potwierdzenie lub obalenie wspomnianej tezy.

4. Wnioski i podsumowanie

Nowotwór jako grupa chorób powodujących prawie największą liczbę zgonów na świecie jest dużym problemem medycznym. Późne wykrywanie choroby drastycznie zmniejsza możliwość całkowitego wyleczenia z powodu małej selektywności leków stosowanych w leczeniu bardziej zaawansowanych nowotworów. Cytostatyki stosowane w chemioterapii, jak wspomniano w części literaturowej pracy, powodują wiele niekorzystnych skutków ubocznych, które uniemożliwiają ich zastosowanie w dawkach wystarczających do zabicia wszystkich komórek nowotworowych w organizmie. Rozwój nanomedycyny daje nadzieję na rozwiązanie tego problemu. Już w obecnej chwili znane są komercyjnie dostępne leki biotechnologiczne. W ostatnim czasie na pierwszy plan wysunęły się badania nad wielofuncyjnymi systemami dostarczania leków. W związku z tym w ramach pracy podjęto próbę otrzymania kompozytu posiadającego więcej niż jedno zadanie.

Zaproponowano zastosowanie martwych bakterii *Staphylococcus aureus* jako kapsułek przenoszących lek. Z uwagi na biologiczne pochodzenie materiał ten powinien być całkowicie biokompatybilny i biodegradowalny. Aby maksymalnie wykorzystać możliwości tego materiału i zaprojektować układ spełniający więcej niż jedną funkcję podjęto zakończoną powodzeniem próbę modyfikacji powierzchni. Zaprezentowano dwie metody znakowania biokapsułek nanocząstkami złota. Umożliwiło to przyłączenie do biokapsułek tiolowej pochodnej kwasu hialuronowego, którego zadaniem jest kierowanie całego kompozytu selektywnie do tkanki zmienionej nowotworowo. Komórki wielu typów nowotworów wykazują nadekspresję receptora CD44, odpowiedzialnego za wiązanie kwasu hialuronowego. Dodatkowo opracowany układ ze względu na obecność nanocząstek złota może zwiększać kontrast w tomografii komputerowej. Pozwali to potencjalnie na jednoczesne leczenie oraz monitorowanie zmian choroby za pomocą CT, ze względu na zwiększoną kumulację kompozytu w tkance nowotworowej. Opracowane kapsułki zostały zobrazowane za pomocą mikroskopii TEM oraz SEM. Potwierdzono skuteczność zastosowanych metod modyfikacji za pomocą analizy EDS, termograwimetrii oraz pomiarów potencjału zeta. Wyznaczono zawartość nanocząstek złota i doksorubicyny w kapsułkach. Dodatkowo wykonano badania in-vitro cytotoksyczności opracowanego kompozytu na lini komórkowej nowotworu płuc A549. Wykazano inny mechanizm działania biokapsułek w porównaniu z czystą doksorubicyną. Badane mikrokapsułki bez leku nie są toksyczne dla komórek, natomiast kapsułki wypełnione doksorubicyną powodują zahamowanie proliferacji komórek nowotworowych. Z tej przyczyny istnieje potencjalna możliwość zastosowania zaproponowanego układu w terapii antynowotworowej, mającej na celu zatrzymanie rozwoju nowotworu. Co więcej, z uwagi na wyniki testu LDH można podejrzewać, że kapsułki z lekiem będą się charakteryzowały małą toksycznością również w stosunku do zdrowych tkanek. Konieczne są jednak dalsze badania in-vitro na zdrowych komórkach, a następnie badania in-vivo, celem analizy biodystrybucji otrzymanego kompozytu w organizmie.

5. Bibliografia

[1] http://ec.europa.eu/eurostat/statistics-explained/index.php/Causes_of_death_statistics/pl
[2] http://onkologia.org.pl/nowotwory-zlosliwe-ogolem-2/
[3] http://www.who.int/cancer/en/
[4] F. Alexis, J. Rhee, J. P. Richie, A. F. Radovic-Moreno, R. Langer, O. C. Farokhzad, New frontiers in nanotechnology for cancer treatment, Urologic Oncology: Seminars and Original Investigations 2008, 26, 74–85
[5] Mała encyklopedia medycyny, Tom II, Wydanie trzecie uzupełnione, Państwowe Wydawnictwo Naukowe, Warszawa, 1987
[6] http://www.zwrotnikraka.pl/nowotwory-zlosliwe-lagodne-rodzaje-cechy/
[7] http://www.cancer.gov/about-cancer/understanding/what-is-cancer
[8] D. W. Kufe, R. E. Pollock, R. R. Weichselbaum, R. C. Bast, T. S. Gansler, J. F. Holland, E. Frei E., Cancer Medicine, 6th edition, BC Decker, 2003
[9] W. Domagała, Molekularne podstawy karcynogenezy i ścieżki sygnałowe niektórych nowotworów ośrodkowego układu nerwowego, Polski Przegląd Neurologiczny 2007, 3(3):127-141
[10] http://www.encyclopedia.com/topic/CarcinogenesiS.aspx
[11] K. Greish, Enhanced permeability and retention (EPR) effect for anticancer nanomedicine drug targeting, Methods in molecular biology 2010, 624:25-37
[12] H. Yin, L. Liao and J. Fang, Enhanced Permeability and Retention (EPR) Effect Based Tumor Targeting: The Concept, Application and Prospect, JSM Clinical Oncology and Research 2014, 2(1): 1010
[13] http://www.cancer.gov/types/common-cancers
[14] http://www.cancerresearchuk.org/health-professional/cancer-statistics/statistics-by-cancer-type/lung-cancer/incidence#heading-Six
[15] http://onkologia.org.pl/nowotwory-zlosliwe-oplucnej-pluca-c33-34/
[16] http://www.lungcancer.org/find_information/publications/163-lung_cancer_101/268-types_and_staging
[17] A. Strugała, P.P. Jagodziński, Wpływ tamoxifenu na poziom białka dehydrogenazy 17β-hydroksysteroidowej typu pierwszego HSD17β1 w liniach komórkowych raka płuc CALU1 i A549, Nowiny Lekarskie 2012, 81, 2, 152-157
[18] A. Kułakowski, A. Skowrońska-Gardas, Onkologia. Podręcznik dla studentów medycyny, Wydawnictwo Lekarskie PZWL, Warszawa 2003
[19] K. Iniewski, Medical Imaging: Principles, Detectors, and Electronics, John Wiley & Sons, Inc., New Jersey 2009
[20] S. Webb, ed., The Physics of Medical Imaging, Institute of Physics Publishing, Bristol, CT, 1988
[21] Z.-H. Cho, J. P. Jones, and M. Singh, Foundations of Medical Imaging, JohnWiley&Sons, New York, 1993
[22] S. R. Cherry, J. A. Sorenson, and M. E. Phelps, Physics in Nuclear Medicine, W. B. Saunders, Elsevier Science, Philadelphia, PA, 2003
[23] M. N. Wernick and J. N. Aarsvold, Emission Tomography, The Fundamentals of PET and SPECT, Elsevier, Academic Press, Amsterdam, Boston, 2004
[24] Y. Seo, C. Mari, and B. H. Hasegawa, Technological development and advances in single-photon emission computed tomography/computed tomography, Semin. Nucl. Med. 2008, 38, 177–198
[25] J. Pawlęga, Zarys onkologii. Podręcznik dla studentów i lekarzy, Wydawnictwo Uniwersytetu Jagiellońskiego, Kraków 2002
[26] M. M. Gottesman, T. Fojo and S. E. Bates: Multidrug resistance in cancer: Role of ATP-dependent transporters. Nat Rev Cancer 2002, 2: 48-58

[27] M. M. Gottesman, V. Ling: The molecular basis of multidrug resistance in cancer: The early years of P-glycoprotein research, FEBS Lett 2006, 580: 998-1009
[28] Y. Huang, S. P. C. Cole, T. Cai, Y. Cai, Applications of nanoparticle drug delivery systems for the reversal of multidrug resistance in cancer (Review), Oncology Letters 2016, 12: 11-15
[29] S. Kunjachan , et al., Overcoming cellular multidrug resistance using classical nanomedicine formulations. Eur J Pharm Sci. 2012;45(4):421–8.
[30] Y. Octavia et al. / Journal of Molecular and Cellular Cardiology 2012, 52, 1213–1225
[31] https://livertox.nlm.nih.gov/DoxorubicinEpirubicinIdarubicin.htm
[32] D. A. Gewirtz, A critical evaluation of the mechanisms of action proposed for the antitumor effects of the anthracycline antibiotics adriamycin and daunorubicin, Biochem. Pharmacol. 1999, 57, 727–741.
[33] F. Yang, S. S. Teves, C. J. Kemp, S. Henikoff, Doxorubicin, DNA torsion, and chromatin dynamics, Biochimica et Biophysica Acta 2014, 1845, 84–89
[34] M. Lepiarczyk, A. Bielawska, K. Sosnowska, K. Bielawski, Ludzka topoizomeraza typu II jako molekularny punkt uchwytu leków przeciwnowotworowych, Gazeta Farmaceutyczna 2011, nr 04/2011, 24-26
[35] D.J. Burgess, J. Doles, L. Zender, W. Xue, B. Ma, W.R. McCombie, G.J. Hannon, S.W. Lowe, M.T. Hemann, Topoisomerase levels determine chemotherapy response in vitro and in vivo, Proc. Natl. Acad. Sci. U. S. A. 2008, 105, 9053–9058
[36] B. Pang, X. Qiao, L. Janssen, A. Velds, T. Groothuis, R. Kerkhoven, M. Nieuwland, H. Ovaa, S. Rottenberg, O. van Tellingen, J. Janssen, P. Huijgens, W. Zwart, J. Neefjes, Drug-induced histone eviction from open chromatin contributes to the chemotherapeutic effects of doxorubicin, Nat. Commun. 2013, 4, 1908
[37] J.B. Chaires, K.R. Fox, J.E. Herrera, M. Britt, M.J.Waring, Site and sequence specificity of the daunomycin-DNA interaction, Biochemistry 1987, 26, 8227–8236
[38] D.J. Taatjes, G. Gaudiano, K. Resing, T.H. Koch, Redox pathway leading to the alkylation of DNA by the anthracycline, antitumor drugs adriamycin and daunomycin, J. Med. Chem. 1997, 40, 1276–1286
[39] K.E. Coldwell, S.M. Cutts, T.J. Ognibene, P.T. Henderson, D.R. Phillips, Detection of adriamycin-DNA adducts by accelerator mass spectrometry at clinically relevant adriamycin concentrations, Nucleic Acids Res. 2008, 36, e100
[40] V. Berlin, W.A. Haseltine, Reduction of adriamycin to a semiquinone-free radical by NADPH cytochrome P-450 reductase produces DNA cleavage in a reactionmediated by molecular oxygen, J. Biol. Chem. 1981, 256, 4747–4756
[41] C. Myers, The role of iron in doxorubicin-induced cardiomyopathy, Semin. Oncol. 1998, 25, 10–14
[42] C.F. Thorn, C. Oshiro, S. Marsh, T. Hernandez-Boussard, H. McLeod, T.E. Klein, R.B. Altman, Doxorubicin pathways: pharmacodynamics and adverse effects, Pharmacogenet. Genomics 2011, 21, 440–446
[43] M. Kawase, M. Watanabe, T. Kondo, T. Yabu, Y. Taguchi, H. Umehara, T. Uchiyama, K. Mizuno, T. Okazaki, Increase of ceramide in adriamycin-induced HL-60 cell apoptosis: detection by a novel anti-ceramide antibody, Biochim. Biophys. Acta 2002, 1584, 104–114
[44] A. Senchenkov, D. A. Litvak, M. C. Cabot, Targeting Ceramide Metabolism—a Strategy for Overcoming Drug Resistance, Journal of the National Cancer Institute 2001, Vol. 93, No. 5

[45] Y. Octaviaa, C. G. Tocchettib, K. L. Gabrielsonc, S. Janssensd, H. J. Crijnsa, A. L. Moens, Doxorubicin-induced cardiomyopathy: From molecular mechanisms to therapeutic strategies, Journal of Molecular and Cellular Cardiology 2012, 52, Issue 6, Pages 1213–1225
[46] R. Gref, Y. Minamitake, M. T. Peracchia, V Trubetskoy, V. P. Torchilin and R. Langer, Biodegradable long-circulating polymeric nanospheres, Science 1994, 263:1600

[47] H. Maeda, T. Sawa and T. Konno, Mechanism of tumor-targeted delivery of macromolecular drugs, including the EPR effect in solid tumor and clinical overview of the prototype polymeric drug SMANCS, J Control Release. 2001 Jul 6, 74(1-3):47-61
[48] M. K. Danquah, X. A. Zhang, R. I. Mahato, Extravasation of polymeric nanomedicines across tumor vasculature, Advanced drug delivery reviews 2011, 63: 623-39
[49] F. Yuan, M. Dellian, M. Fukumura, M. Leunig, B. D. Berk, V. P. Torchilin and R. K. Jain, Vascular permeability in a human tumor xenograft, Molecular size dependence and cutoff size, Cancer Res. 1995 Sep 1, 55(17):3752-6
[50] D. B. Kirpotin, D. C. Drummond, Y. Shao, M.R. Shalaby, K. Hong, U. B. Nielsen, et al., Antibody targeting of long-circulating lipidic nanoparticles does not increase tumor localization but does increase internalization in animal models. Cancer research 2006, 66:6732-40
[51] V. P. Torchilin, Nanoparticulates as Drug Carriers, Imperial College Press, London 2006
[52] O. Felfoul, M. Mohammadi, S. Taherkhani, D. de Lanauze, Y. Z. Xu, D. Loghin, S. Essa, S. Jancik, D. Houle, M. Lafleur, L. Gaboury, M. Tabrizian, N. Kaou, M. Atkin, T. Vuong, G. Batist, N. Beauchemin, D. Radzioch, S. Martel1, Magneto-aerotactic bacteria deliver drug-containing nanoliposomes totumour hypoxic regions, Nat Nanotechnol. 2016 Aug 15
[53] P. R. Murray, K. S. Rosenthal, M. A. Pfaller, Mikrobiologia, Elsevier Urban & Partner, Wrocław 2011
[54] J. Baj, Z. Markiewicz, Biologia molekularna bakterii, Wydawnictwo Naukowe PWN, Wydanie 2 zmienione, Warszawa 2015
[55] M. Gladwin, B. Trattler, Mikrobiologia kliniczna, D.W. Publishing Co., Cleveland OH, USA 2010
[56] A. E. Kestell and G. T. DeLorey, Nanoparticles: Properties, Classification, Characterization, and Fabrication, Nova Science Publishers, Inc., New York 2010
[57] F. Mohr, Gold Chemistry, Applications and Future Directions in the Life Sciences, WILEY-VCH Verlag GmbH & Co. KGaA, Weinheim 2009
[58] M. Runowski, Nanotechnologia – nanomateriały, nanocząstki i wielofunkcyjne nanostruktury typu rdzeń/powłoka, Chemik 2014, 68, 9, 766–775
[59] C. Louis, O. Pluchery, Gold Nanoparticles for Physics, Chemistry and Biology, Imperial College Press, 2012
[60] Y. Bayazitoglu, S. Kheradmand, T. K. Tullius, An overview of nanoparticle assisted laser therapy, International Journal of Heat and Mass Transfer 2013, 67, 469–486
[61] X. Huang, P. K. Jain, I. H. El-Sayed, et al., Plasmonic photothermal therapy (PPTT) using gold nanoparticles, Lasers Med Sci 2008, 23(3): 217-228.
[62] A. J. Mieszawska, W. J. M. Mulder, Z. A. Fayad, D. P. Cormode, Multifunctional gold nanoparticles for diagnosis and therapy of disease, Mol. Pharm. 2013, 10, 831-847
[63] E. Boisselier, D. Astruc, Gold nanoparticles in nanomedicine: preparations, imaging, diagnostics, therapies and toxicity, Chem.Soc.Rev. 2009, 38, 1759–1782
[64] K. Meye, J. Palmer, The polysaccharide of the vitreous humor, Journal of Biological Chemistry 1934, 107, 629–634
[65] I. F. Radaeva, G. A. Kostina, A. V. Zmievski, Hyaluronic acid: biological role, structure, synthesis, isolation, purification, and application, Applied Biochemistry and Microbiology 1997, 33, 133–137
[66] http://www.sigmaaldrich.com/life-science/metabolomics/enzyme-explorer/learning-center/carbohydrate-analysis/carbohydrate-analysis-iii.html
[67] M. A. Selyanin, P. Y. Boykov, V. N. Khabarov, Hyaluronic Acid: Preparation, Properties, Application in Biology and Medicine, First Edition, John Wiley & Sons, 2015
[68] L. Austa, C. Clark, E. A. Turle, K. Vandelig, Hyaluronan and cell-associated hyaluronan binding protein regulate the locomotion of ras-transformed cell. Journal of Cellular Biology 1991, 112 (5), 1041–1047

[69] C. M. Isacke, H. Yarwood, The hyaluronan receptor, CD44, The International Journal of Biochemistry & Cell Biology 2002, 34 (7), 718–721
[70] A. Aruffo, I. Stamenkovic, M. Melnick, C. B. Underhill, B. Seed, Cell 1990, 61, 1303
[71] S. C. Ghosh, S. N. Alpay, J. Klostergaard, CD44: a validated target for improved delivery of cancer therapeutics, Expert Opin Ther Targets 2012, 16(7): 635-650
[72] V.M. Platt, F.C. Szoka, Anticancer therapeutics: targeting macromolecules and nanocarriers to hyaluronan or CD44, a hyaluronan receptor, Mol. Pharmacol. 2008, 5, 474-486
[73] S. Mizrahy, S. R. Raz, M. Hasgaard, H. Liu, N. Soffer-Tsur, K. Cohen, et al., Hyaluronan-coated nanoparticles: the influence of the molecular weight on CD44-hyaluronan interactions and on the immune response, J. Control. Release 2011, 156, 231-238
[74] https://www.lgcstandards-atcc.org/Products/All/CCL-185.aspx?slp=1&geo_country=pl#characteristics

Kolibri 360 GmbH
Ferdinand-Jühlke-Straße 7
99095 Erfurt, Deutschland
produktsicherheit@kolibri360.de

Druck:
CPI Druckdienstleistungen GmbH
im Auftrag der
Kolibri 360 GmbH
Ferdinand-Jühlke-Str. 7
99095 Erfurt